佳能微单相机

摄影与视频拍摄从入门到精通

雷波◎编著

化学工业出版社

·北京·

内 容 简 介

本书针对正在使用或准备购买佳能微单相机的摄影爱好者，较为全面地讲解了拍好照片与视频的理念与佳能微单相机的基础操作、与摄影相关的基本理论及相关配件的使用方法，以及人像、风光、动物、建筑、星轨等常见摄影题材的拍摄技巧。

考虑到许多摄影爱好者除了拍摄照片，同时也会拍摄视频，因此本书也讲解了拍摄视频的相关理论及操作流程，以及口播、美食、VLOG、绿幕等视频的拍摄方法。

本书比较适合希望掌握使用佳能微单相机拍摄照片或视频等技术的爱好者，同时也可用作开设摄影、视频拍摄相关专业的各大中专院校的教材。

本书附赠一门掌握佳能器材在线学习视频课程、一门剪映短视频后期剪辑在线学习视频课程、一本人像摆姿摄影电子书（PDF），以及一本摄影常见题材拍摄技法及佳片赏析电子书（PDF）。

图书在版编目（CIP）数据

佳能微单相机摄影与视频拍摄从入门到精通 / 雷波编著. —北京：化学工业出版社，2023.11
ISBN 978-7-122-44057-0

Ⅰ.①佳… Ⅱ.①雷… Ⅲ.①数字照相机-单镜头反光照相机-摄影技术 Ⅳ.①TB86②J41

中国国家版本馆CIP数据核字（2023）第161390号

责任编辑：王婷婷　孙　炜　　　　　　　　封面设计：异一设计
责任校对：王　静　　　　　　　　　　　　装帧设计：盟诺文化

出版发行：化学工业出版社（北京市东城区青年湖南街13号　邮政编码100011）
印　　装：北京瑞禾彩色印刷有限公司
710mm×1000mm　1/16　印张12¹/₂　字数270千字　2024年1月北京第1版第1次印刷

购书咨询：010-64518888　　　　　　　　售后服务：010-64518899
网　　址：http://www.cip.com.cn

前 言
PREFACE

　　毫无疑问，在这个社会发展迅速的时代，摄影与摄像、线下与线上、娱乐与创业正在相互融合，这给予了每一位摄影爱好者利用兴趣爱好进行创业变现的机会。

　　本书正是基于这样一个基本认识，针对正在使用佳能微单相机或正准备购买佳能微单相机的摄影爱好者，通过结构创新推出的整合了摄影与视频拍摄相关理论的学习书籍。

　　本书不仅讲解了使用佳能微单相机的摄影爱好者应该掌握的相机按钮、菜单功能，还讲解了摄影及拍摄视频的共性基本理论，比如曝光三要素、色温与白平衡的关系、对焦、测光、构图等用光理论等。

　　在视频拍摄方面，本书讲解了拍摄视频应该了解的软硬件知识，如拍摄视频常用的稳定器、收音设备、灯光设备、提词器、外接电源；拍摄视频必须正确设置视频参数的意义，如视频分辨率、视频制式、码率、帧频、色深、Canon Log；拍摄视频要了解的镜头语言、运镜方式，并通过一个小案例示范了分镜头脚本的写作方法。

　　虽然本书理论内容丰富，但并不是一本"光说不练"的纯理论书籍，而是通过摄影及视频拍摄案例详细讲解了操作步骤。例如，第 9 章讲解了使用佳能微单相机拍摄常见摄影题材的具体步骤，第 10 章讲解了拍摄口播、美食、VLOG、绿幕、固定机位多镜头类型视频的基本流程与操作方法。

　　学习本书内容后，在摄影领域，各位读者将具有玩转手中的佳能微单相机、理解摄影基本理论、拍摄常见题材的基本能力；在视频拍摄领域，笔者虽然不能保证各位读者一定可以拍出流畅、精致的视频，但一定会对当前火热的视频拍摄有全局性认识。例如，不仅能知道应该购买什么样的硬件设备，了解在拍摄视频时应该如何设置画质、尺寸、帧频等参数，还将具备深入学习视频拍摄的理论基础，为以后拍摄微电影、VLOG 打下良好的基础。

　　为了拓展本书内容，本书还将附赠一门掌握佳能器材在线学习视频课程、一门剪映短视频后期剪辑在线学习视频课程、一本人像摆姿摄影电子书（PDF）、一本摄影常见题材拍摄技法及佳片赏析电子书（PDF），获取方法请参考本书最后一页。

　　如果希望与笔者交流和沟通，可以添加本书专属微信 hjysysp，与作者团队在线沟通交流，还可以关注我们的抖音号"好机友摄影、视频""北极光摄影、视频、运营"。

编著者
2023 年 8 月

目　录
CONTENTS

第3章 拍摄照片与视频的构图与用光美学基础理论

第4章 镜头的分类、卡口及佳能微单镜头推荐

第5章 滤镜及脚架等附件的使用技巧

第6章　拍视频要理解的术语及必备附件

第7章　拍视频必学的镜头语言与分镜头脚本的撰写方法

第8章 录制常规、延时及慢动作视频的参数设置方法

第9章 人像、风光、动物、建筑、星轨等题材实战拍摄技巧

第10章 口播、美食、VLOG、绿幕等视频实战拍摄方法

第1章
拍好照片、好视频的理念
与微单相机的基础操作

好照片的 4 个标准

照片分为很多类型，如纪实类、概念类、沙龙类等，每种类型都有不同的标准，在此仅讨论追求形式美感的沙龙类照片。

主体突出

绝大多数摄影爱好者在日常拍摄时总是贪大求全，努力将看到的所有景物都"装"到照片里，导致照片主体不突出，让观众不知道照片要表现的对象是哪一个。当然，这样的照片无法给人留下深刻印象。要避免出现这个问题，就需要认真学习构图方法，并将其灵活运用在日常拍摄活动中。

有形式美感

优秀的摄影作品一定具有较强的画面美感，这个特点并不会因为拍摄器材的不同而改变。换句话说，一幅摄影作品被发布到网络上或上传到微信朋友圈后，绝大多数人对这张照片的评判，仍然是以构图是否精巧、光影是否精彩、主题是否明确、色彩是否迷人等为标准。所以，不管用什么相机拍摄，都不可以在画面的形式美感方面降低要求。

200mm F2.8 1/500s ISO200

○ 在深色背景的衬托下，逆光下的花朵在画面中非常突出

曝光正确

通俗地讲，"曝光"指的是一张照片的亮度。如果一张照片看上去黑乎乎的，就是"欠曝"；看上去白茫茫一片，就是"过曝"；而一张照片的亮度合适，就称为"曝光正常"。曝光没有好与坏的标准，但有正确与否的标准，正确的曝光能够让画面主体更突出、形式美感更强。

画面清晰

除非故意拍摄动态模糊效果，否则照片中的焦点或视觉重点处的景、物、人就应该是清晰的，这是一张好照片的基本要求。

导致画面焦点模糊通常有以下 3 个原因。

第一个原因是手抖导致在拍摄过程中相机出现晃动；第二个原因是景物运动速度过快；第三个原因则是对焦不准，没有对希望清晰表现的区域进行准确合焦。只要注意以上 3 点，基本上就可以拍摄出一张画面焦点清晰的照片。

○ 对焦准确及稳定相机拍摄，使小蜘蛛在画面中非常清晰

好视频的 6 个标准

视频也分为很多类型，每种类型有不同的标准，在此仅讨论当前火爆的短视频及中视频。

有价值

优质视频的核心要点是给予用户价值，这个价值可以是一种知识，也可以是一种趣味，甚至可以是满足用户的猎奇心理或纯粹的视觉享受。从本质上说，视频创作者及视频观看者在观看视频时其实形成了价值交换，创作者给予的是有价值的信息，用户给出的是自己的关注度及观看时长、点赞、收藏。创作者只有明白了价值互换的原则，才能以观众为中心创作出好视频。

节奏流畅

在观看节奏流畅的视频时，让人有一种酣畅淋漓的感觉。创作者可以通过镜头的组接、角度的变化、背景音乐的烘托及情节的铺陈，逐步引导观众在不知不觉中完成观看。这就需要创作者有较强的前期拍摄的脚本规划能力，以及后期剪辑、配音、配乐的功底。

画质高

画质高的视频要求视频画面干净整洁、焦点处人或景清晰、视频分辨率高、画面无噪点、曝光正确等。

其中，对焦清晰、画面无噪点、曝光正确均依赖于创作者在学习摄影时打下的基础。因为在拍摄视频时，使用的技术及涉及的理论与摄影是相通的。

音质高

音质高的视频要求背景无噪声、无杂音，有合适的背景音乐或音效。抖音短视频之所以让人着迷，有很大一部分原因就是它有好听的背景音乐或音效，所以提升音乐素养是每一个视频创作者的必修课。而在技术层面要达到背景无噪声、无杂音并非难事，在合适的收音场使用中档收音器材即可。

镜头语言丰富

使用丰富灵活的镜头语言，可以更好地突出视频的主题，提升视频的形式美感。好的视频创作者均能够熟练运用景别、运镜方式及镜头间的转场方式，这一部分内容在本书中也有详细讲解。

配字幕

并不是所有的视频都需要字幕，例如，风景 VLOG、宠物视频、魔术视频等大多不需要字幕，即便视频有旁白及对话，如果时间不太长，也不一定需要配字幕。但可以肯定的是，配字幕的视频的观看体验强于无字幕的视频，而且据统计全国听障人士已近 5000 万，配字幕也是关爱残障人士的一种体现。

掌握佳能微单相机按钮使用方法

许多摄影爱好者都曾遇到过这样的情况，在有局域光、云隙光照射的场景拍摄，有时还没设置好拍摄参数，光线就消失了。这种因为设置相机的菜单或功能参数而错失拍摄时机的情况，对摄影爱好者来说，是一件非常遗憾的事情。针对这种情况，最好的解决方法之一，就是熟悉相机基本按钮的使用方法，掌握快速设置常用参数的方法。

本节讲解了两个重要按钮的使用方法，但这对于掌握相机的基本操作很显然是远远不够的，各位读者可以参考本书附赠的视频课程，学习相机更多按钮的使用方法。

认识相机的速控按钮

佳能各个型号相机的机身背面都提供了速控按钮Q，在开机的情况下，按下此按钮即可开启速控屏幕，在液晶监视器上进行所有的查看与设置工作。

在照片回放状态下，如果按下Q按钮，即可调用此状态下的速控屏幕。此时，通过选择速控屏幕中的不同图标，可以进行保护图像、旋转图像等操作。

○ 速控按钮

○ 当按 INFO. 按钮切换为屏幕仅显示参数界面使用取景器取景时，按下Q按钮后屏幕上显示的速控屏幕状态

○ 当使用屏幕取景时，按下Q按钮后显示的速控屏幕状态

○ 在播放照片模式下，按下Q按钮后显示的速控屏幕状态

使用速控屏幕设置参数的步骤如下。

1.进入速控屏幕。

2.按▲、▼多功能控制按钮选择要设置的功能。

3.转动主拨盘和速控转盘或速控转盘2可改变设置。

4.选择一个参数后按下SET按钮，进入该参数的详细设置界面。调整参数后再按SET按钮返回上一级界面。

使用 INFO. 按钮随时查看拍摄参数

在拍摄过程中，通常要随时查看相机的拍摄参数，以确认当前拍摄参数是否符合拍摄场景。在相机开机状态下，按下 INFO. 信息按钮即可在液晶显示屏上显示参数。

当相机处于拍摄状态时，每次按下此按钮，可以分别显示相机设置、电子水准仪及显示拍摄功能 3 种界面，便于用户在拍摄过程中随时查看相关参数并作出调整。例如，在拍摄有水平线或地平线的画面时，可以利用电子水准仪辅助构图。

O INFO. 按钮

O 显示相机设置

O 电子水准仪

O 显示拍摄功能

下图是回放照片时按下 INFO. 按钮显示的详细信息界面，各种图标、数字、字符代表的含义如下。

❶ 回放编号 / 总文件编号

❷ 电池电量

❸ Wi-Fi 功能

❹ 光圈值

❺ 快门速度值

❻ 曝光模式

❼ 白平衡

❽ 图像画质

❾ 文件夹编号 - 文件编号

❿ 照片风格

⓫ 柱状图

⓬ ISO 感光度值

⓭ 测光模式

⓮ 文件大小

掌握佳能微单相机重要菜单

本节讲解若干重要菜单的使用方法，对于相机更多菜单的使用方法，各位读者可以参考本书附赠的视频课程。

设置文件格式、分辨率和画质

在设置图像的画质之前，应先了解一下图像的分辨率。图像的分辨率越高，制作大照片的质量就越理想，在计算机中进行后期处理时裁剪的余地就越大，同时文件所占空间也就越大。以 Canon EOS R5 相机为例，可拍摄图像的最大分辨率为8192×5464，相当于 4476 万像素，因此拍出的照片有很大的后期处理空间。

❶ 在**拍摄菜单1**中选择**图像画质**选项

在右图所示的菜单中可以选择照片文件格式为JPEG。JPEG格式的优点是文件小、通用性高，适用于网络发布、家庭照片洗印等。虽然JPEG格式的文件压缩率较高，损失了细节，但肉眼基本看不出来，因此JPEG是一种最常用的文件存储格式。

RAW格式充分记录了拍摄时的各种原始数据，具有极大的后期调整空间，因而在专业摄影领域常使用此格式进行拍摄。缺点是文件容量特别大，尤其是在连拍时会极大地减少连拍的数量。

❷ 点击选择RAW格式或JPEG格式，然后点击 SET OK 图标确定

此外，还可以选择L（大）、M（中）或S（小）等分辨率，或者从精细（⊿）、基本（⊏）中选择照片画质。

就图像质量而言，虽然采用"精细"和"基本"品质拍摄的结果，在相机的小屏幕上通过肉眼不容易分辨出来，但画面的细节和精细程度还是有区别的。因此，除非万不得已（如存储卡空间不足等），应尽可能使用"精细"品质。

清除全部相机设置

利用"重置相机"功能可以一次性清除所有设定的自定义功能，将相机恢复到出厂时的默认设置，免去了逐一清除的麻烦。

初学者经常会遇到各种选项或相机操作失灵的情况，此时，较好的方法之一就是用此菜单清除相机设置。选择"基

❶ 在**设置菜单5**中选择**重置相机**选项

❷ 选择**基本设置**选项

本设置"选项，可以将"拍摄""自动对焦""播放""无线"及"设置"菜单中的所有菜单选项恢复为默认值。

设置节电选项

微单相机的耗电量较大，一定要运用好"节电"功能，通过控制显示屏、相机及取景器自动关闭的时间来节电。

❶ 在**设置菜单2**中选择**节电**选项

❷ 选择要修改的选项

❸ 若在步骤❷中选择了**显示屏关闭**选项，可选择一个时间选项，然后点击 SET OK 图标确定

❹ 若在步骤❷中选择了**自动关闭电源**选项，可选择一个时间选项，然后点击 SET OK 图标确定

❺ 若在步骤❷中选择了**取景器关闭**选项，可选择一个时间或选择**关闭**选项，然后点击 SET OK 图标确定

显示网格线辅助构图

使用"显示网格线"菜单功能，可以设置是否在屏幕和取景器中显示 ╫、╫╫、╳ 等类型的构图辅助网格线，以帮助摄影师进行比较精确的构图。

❶ 在**拍摄菜单7**中选择**拍摄信息显示**选项

❷ 选择**显示网格线**选项

❸ 选择要显示的网格线类型

显示直方图

直方图是摄影师判断照片是否曝光的重要依据，通过"显示柱状图"菜单可以控制是显示亮度直方图还是显示RGB直方图，并设置直方图的大小。

❶ 在**拍摄菜单7**中选择**拍摄信息显示**选项

❷ 选择**显示柱状图**选项

❸ 在此界面中可以对显示哪种直方图及直方图显示大小进行设置

开启触摸快门

大部分佳能微单相机支持触摸快门拍摄。设置"触摸快门"菜单为"启用"，当触摸快门时，点击屏幕上的人脸或被摄物体，相机会以所设的自动对焦方式对所点击的位置进行对焦。

❶ 在**拍摄菜单7**中选择**触摸快门**选项

❷ 点击选择**启用**选项

若对焦成功则对焦点为绿色，若没有对焦成功则对焦点为橙色。

设置取景器与显示屏自动切换的方法

使用"屏幕/取景器显示"菜单，用户可以设置佳能微单相机的显示模式是由相机自动切换显示还是由摄影师手动选择。

■自动1（◻️🔲：仅屏幕）：选择此选项，当屏幕翻开时，始终使用屏幕进行显示；当

❶ 在**设置菜单3**中选择**屏幕/取景器显示**选项

❷ 点击选择所需的选项，然后点击 **SET** OK 图标确定

屏幕合上并面向拍摄者时，使用屏幕进行显示；当拍摄者眼睛看向取景器时，会自动切换至使用取景器显示。

■自动2（🔲◻️：自动切换）：选择此选项，当摄影师向取景器中看时，会自动切换至使用取景器显示；当不再使用取景器时，又会自动切换回使用屏幕中显示。

■取景器：选择此选项，屏幕被关闭，将在取景器上显示照片，适合在剩余电量较少时使用。

■屏幕：选择此选项，则关闭取景器，始终在屏幕中显示照片。

镜头像差校正

利用佳能微单相机的"镜头像差校正"功能，可以使相机自动对镜头进行周边光量校正、失真校正及数码镜头优化，从而修正照片暗角、镜头畸变，以及色差、色散，得到品质更高的照片。

❶ 在**拍摄菜单3**中选择**镜头像差校正**选项

❷ 选择**周边光量校正**选项

设置静止图像的"裁切/长宽比"

当使用全画幅微单相机拍摄时，可以使用"裁切/长宽比"功能，在相机中放大图像的中央区域约1.6倍，来实现如同使用镜头拉近取景的拍摄效果。此菜单还可以将照片的长宽比设置为1:1、4:3或16:9。

❶ 在**拍摄菜单1**中选择 **裁切/长宽比**选项

❷ 选择需要的比例选项，若点击 **INFO 拍摄区域**图标，则可以选择拍摄区域

高ISO感光度降噪功能

利用"高ISO感光度降噪功能"能够有效地减少图像的噪点，在使用高ISO感光度拍摄时的效果尤其明显，而且即使使用较低的ISO感光度，也会使图像阴影区域的噪点有所减少。

❶ 在**拍摄菜单4**中选择**高ISO感光度降噪功能**选项

❷ 选择不同的选项，再点击 **SET OK**图标确定

设置"曝光等级增量"控制调整幅度

在"曝光等级增量"菜单中可以设置光圈、快门速度、曝光补偿、包围曝光、闪光曝光补偿及闪光包围曝光等参数的变化幅度，使相机以选定的幅度增加或减少曝光量。

■1/3级：选择此选项，每调整一级，则曝光量以 +1/3EV 或-1/3EV的幅度发生变化。

■1/2级：选择此选项，每调整一级，则曝光量以 +1/2EV 或-1/2EV的幅度发生变化。

❶ 在**自定义功能菜单1**中选择**曝光等级增量**选项

○ 选择"1/3级"选项时，光圈值的变化示意

❷ 选择**1/3级**或**1/2级**选项，然后点击 **SET OK**图标确定

○ 选择"1/2级"选项时，光圈值的变化示意

长时间曝光降噪功能

曝光的时间越长，产生的噪点就越多，启用"长时间曝光降噪功能"可以消减画面中的噪点。但降噪处理需要时间，而这个时间可能与拍摄时间相同。在降噪处理过程中，相机将显示"BUSY"，直到降噪完成，在这期间将无法继续拍摄照片。因此，开启此功能后有可能丢失拍摄机会。

❶ 在**拍摄菜单4**中选择**长时间曝光降噪功能**选项

❷ 选择不同的选项，然后点击 SET OK 图标确定

利用"高光色调优先"增加高光区域细节

利用"高光色调优先"功能可以有效地增加高光区域的细节，使灰度与高光之间的过渡更加平滑。这是因为开启这一功能后，可以使拍摄时的动态范围从标准的18%灰度扩展到高光区域。例如，当在明亮的阳光直射下拍摄婚纱时，婚纱的细节有可能由于过曝而丢失，此时就可以考虑开启此功能。

❶ 在**拍摄菜单2**中选择**高光色调优先**选项

❷ 点击选择**关闭**、**启用**或**增强**选项，然后点击 SET OK 图标确定

利用 HDR 模式直接拍出 HDR 照片

HDR模式的原理是通过连续拍摄3张正常曝光、增加曝光及减少曝光的影像，然后由相机进行高动态影像合成，从而获得暗调、中间调与高光区域都具有丰富细节的照片。通过选择不同的选项，还可以获得类似油画、浮雕画等特殊效果的照片。

❶ 在**拍摄菜单5**中选择 **HDR模式**选项

❷ 选择**调整动态范围**选项，然后选择合适的选项

切换被追踪被摄体

"切换被追踪被摄体"菜单用于控制当对焦的对象进行大幅度上、下、左、右运动时,相机对其进行跟踪对焦的灵敏度。数值越大,跟踪得越紧密,相机会根据被摄对象的运动情况快速地切换自动对焦点,以保持对焦的准确性。此功能在自动对焦方式为"面部+追踪""区域自动对焦"和"大区域自动对焦(垂直或水平)"时生效。

❶ 在**自动对焦菜单4**中选择**切换被追踪被摄体**选项

❷ 点击◀或▶图标选择一个选项,然后点击 SET OK 图标确定

单次自动对焦释放优先

佳能微单相机为单次自动对焦模式提供了对焦或释放优先设置选项,以满足用户多样化的拍摄需求。例如,在一些弱光或不易对焦的情况下,使用单次自动对焦模式拍摄时,有可能出现无法对焦而导致错失拍摄时机的问题,此时就可以在此菜单中进行设置。

❶ 在**自动对焦菜单4**中选择**单次自动对焦释放优先**选项

❷ 点击◀或▶图标可以选择**对焦**或**释放**选项,然后点击 SET OK 图标确定

■对焦优先:选择此选项,相机将优先进行对焦,直至对焦完成后才会释放快门,因而可以清晰、准确地捕捉到瞬间影像。选择此选项的缺点是,可能由于对焦时间过长而错失精彩的瞬间。

■释放优先:选择此选项,将在拍摄时优先释放快门,以保证抓取到瞬间影像,但此时可能出现尚未精确对焦即释放快门的情况,从而导致照片脱焦变虚。

�‣ 一张精彩的纪实照往往以成功对焦作为标准之一『焦距:50mm ┊光圈:F5.6 ┊快门速度:1/200s ┊感光度:ISO100』

触摸和拖拽自动对焦设置

通过设置此选项，摄影师在观看取景器时，可以使用食指或大拇指通过在液晶屏幕上触摸或拖拽来移动自动对焦点。

■触摸和拖拽自动对焦：选择"启用"选项，在使用取景器拍摄时，可以通过触摸屏幕来选择自动对焦点的位置；选择"关闭"选项，则不能通过触摸的方式来选择自动对焦点的位置，只能通过按键的方式进行操作。

■定位方法：选择"绝对"选项，则在屏幕上触摸什么位置或将自动对焦点拖拽到什么位置，自动对焦点便移动到该位置；选择"相对"选项，则自动对焦点沿拖拽方向移动，移动的距离与拖拽的距离相同，触摸屏幕上的位置对此没有影响。

■有效触控区：可以指定用于触摸和拖拽操作的屏幕区域。在选定区域之外的其他区域，则对触摸或拖拽操作无效。

❶在**自动对焦菜单1**中选择**触摸和拖拽自动对焦设置**选项

❷选择要修改的选项

❸如果在步骤❷中选择了**触摸和拖拽自动对焦设置**选项，可选择**启用**或**关闭**选项

❹如果在步骤❷中选择了**定位方法**选项，可选择**绝对**或**相对**选项

❺如果在步骤❷中选择了**有效触控区**选项，可选择一个区域选项，选择完成后点击 SET OK 图标确认

识别被拍摄对象

当将自动对焦方式设置为"☺+追踪"、区域自动对焦、大区域自动对焦（垂直/水平）模式时，通过此菜单可以设置相机在自动对焦时，是否优先识别画面中的人物或动物。

❶在**自动对焦菜单1**中选择**检测的被摄体**选项

❷选择**人物**、**动物**或**无优先**选项

对人物的眼睛进行对焦

在拍摄人像或动物时，一般都针对眼睛进行对焦，以保证眼睛在画面中是最清晰。为此佳能微单相机提供了"眼睛检测"功能，其作用就是在"⚇+追踪"模式下，当拍摄人像或动物时，只要相机识别到画面中有面部或眼睛，便会对人物或动物的眼睛进行对焦。

❶ 在**自动对焦菜单1**中选择**眼睛检测**选项

❷ 选择**启用**或**关闭**选项

❍ 拍摄时若相机识别到眼睛，便会在眼睛周围显示自动对焦点，此时用户还可以在屏幕中点击以切换对焦的眼睛

与方向链接的自动对焦点

在水平或垂直方向切换拍摄时，经常遇到的一个问题就是，在切换至不同的方向时，会使用不同的自动对焦区域选择模式及对焦点/区域的位置。此时可以开启此菜单，以确保每次在拍摄时，即便使用不同的水平或垂直方向，对焦点也能够自动定位到上次使用此方向时的对焦点上。

■水平/垂直方向相同：选择此选项，无论如何在横拍与竖拍之间进行切换，对焦点或区域都不会发生变化。

■不同的自动对焦点（仅限点）：选择此选项，即为水平、垂直（相机手柄朝上）、垂直（相机手柄朝下）分别设定自动对焦点/区域。当改变相机方向时，相机会切换到设定好的自动对焦点/区域。

❶ 在**自动对焦菜单4**中选择**与方向链接的自动对焦点**选项

❷ 点击选择所需选项，然后点击 **SET OK** 图标确定

❍ 当选择"不同的自动对焦点：仅限点"选项时，每次水平握持相机拍摄时，相机会自动切换到上次以此方向握持相机拍摄时使用的自动对焦点上

❍ 当选择"不同的自动对焦点：仅限点"选项时，每次垂直（相机手柄朝下）握持相机拍摄时，相机会自动切换到上次以此方向握持相机拍摄时使用的自动对焦点上

第 2 章
决定照片品质的曝光、对焦、
景深及白平衡

曝光三要素：控制曝光量的光圈

认识光圈及表现形式

光圈其实就是相机镜头内部的一个组件，它由许多金属薄片组成，金属薄片是活动的，通过改变它的开启程度可以控制进入镜头光线的多少。光圈开启得越大，通光量就越多；光圈开启得越小，通光量就越少。

为了便于理解，我们可以将光线类比为水流，将光圈类比为水龙头。在同一时间段内，如果希望水流更大，水龙头就要开得更大。换言之，如果希望更多的光线通过镜头，就需要使用较大的光圈；反之，如果不希望更多的光线通过镜头，就需要使用较小的光圈。

○ 从镜头的底部可以看到镜头内部的金属薄片

| | | | | | | |
|F22|F16|F11|F8|F5.6|F4|F2.8|

小光圈 ←――――――――――――――――→ 大光圈

○ 按 MODE 按钮，然后转动主拨盘，选择 Av 挡光圈优先或 M 挡全手动曝光模式。当使用 Av 挡拍摄时，通过转动主拨盘来调整光圈；当使用 M 挡拍摄时，则可通过转动速控转盘来调整光圈

光圈表示方法	用字母 F 或 f 表示，如 F8 或 f/8
常见的光圈值	F1.4、F2、F2.8、F4、F5.6、F8、F11、F16、F22、F32、F36
变化规律	光圈每递进一挡，光圈口径就缩小一挡，通光量也逐挡减半。例如，F5.6 光圈的进光量是 F8 的两倍

光圈值与光圈大小的对应关系

光圈越大，光圈值就越小（如 F1.2、F1.4）；反之，光圈越小，光圈值就越大（如 F18、F32）。初学者往往记不住这个对应关系，其实只要记住，光圈值实际上是一个倒数即可。例如，光圈值为 F1.2 表示此时光圈的孔径是 1/1.2。同理，光圈值为 F18 表示此时光圈的孔径是 1/18。很明显，1/1.2>1/18，因此，F1.2 是大光圈，而 F18 是小光圈。

光圈对曝光的影响

在日常拍摄时，一般最先调整的曝光参数是光圈。在其他参数不变的情况下，光圈增大一挡，则曝光量提高一倍。例如，光圈从 F4 增大至 F2.8，即可增加一倍的曝光量；反之，光圈减小一挡，则曝光量也随之降低一半。换句话说，光圈开启得越大，通光量就越多，拍摄出来的照片画面越明亮；光圈开启得越小，通光量就越少，拍摄出来的画面也越暗淡。

100mm F3.2 1/30s ISO400

100mm F4 1/30s ISO400

100mm F5 1/30s ISO400

100mm F5.6 1/30s ISO400

○ 光圈对曝光的影响示例图

从这组照片可以看出，当光圈从F3.2逐级缩小至F5.6时，由于通光量逐渐降低，拍摄出来的画面也逐渐变暗。

曝光三要素：控制相机感光时间的快门速度

快门与快门速度的含义

欣赏摄影师的作品，可以看到飞翔的鸟儿、跳跃在空中的人物、车流的轨迹、丝一般的流水这类画面，这些具有动感的场景都是优先控制快门速度的结果。

那么，什么是快门速度呢？简单地说，快门的作用就是控制曝光时间的长短。在按动快门按钮时，快门从前帘开始移动到后帘结束所用的时间就是快门速度，这段时间实际上也就是电子感光元件的曝光时间。所以，快门速度决定了曝光时间的长短，快门速度越快，则曝光时间就越短，曝光量也越少；快门速度越慢，则曝光时间就越长，曝光量也越多。

○ 快门

○ 用高速快门将出水起飞的鸟儿定格，拍摄出很有动感效果的画面

○ 按下 MODE 按钮，然后转动主拨盘，选择 M 全手动或 Tv 快门优先曝光模式。在使用 M 挡或 Tv 挡拍摄时，直接向左或向右转动主拨盘，即可调整快门速度

快门速度的表示方法

快门速度以秒为单位，低端入门级数码微单相机的快门速度范围通常为 1/4000s~30s，而中、高端微单相机，最高快门速度可达 1/8000s，已经可以满足几乎所有题材的拍摄要求。

分类	常见快门速度	适用范围
低速快门	30s、15s、8s、4s、2s、1s	在拍摄夕阳及天空仅有少量微光的日出、日落前后时，都可以使用光圈优先曝光模式或手动曝光模式，很多优秀的夕阳作品都诞生于这些快门速度下。使用 1s~5s 的快门速度，也能够将瀑布或溪流拍摄出如同棉絮一般的梦幻效果，10s~30s 的快门速度可以用于拍摄光绘、车流、银河等题材
	1s、1/2s	适合在昏暗的光线下，使用较小的光圈获得足够的景深，通常用于拍摄稳定的对象，如建筑、城市夜景等
	1/4s、1/8s、1/15s	1/4s 的快门速度可以作为拍摄成人夜景人像的最低快门速度。这些快门速度也适合拍摄一些光线较强的夜景，如明亮的步行街和光线较好的室内
中速快门	1/30s	在使用标准镜头或广角镜头拍摄时，可以视该快门速度为最慢的快门速度，但在使用标准镜头拍摄时，对手持相机的平稳性有较高的要求
	1/60s	对于标准镜头，该快门速度可以保证进行各种场合的拍摄
	1/125s	这一挡快门速度非常适合在户外阳光明媚时使用，同时也能够拍摄运动幅度较小的物体，如走动中的人
	1/250s	适合拍摄中等运动速度的拍摄对象，如游泳运动员、跑步中的人或棒球活动等
高速快门	1/500s	该快门速度已经可以抓拍一些运动速度较快的对象，如行驶的汽车、跑动中的运动员、奔跑中的马等
	1/1000s、1/2000s、1/4000s、1/8000s	该快门速度区间已经可以用于拍摄一些急速运动的对象，如赛车、飞机、足球运动员、飞鸟及飞溅的水花等

8mm F14 10s ISO200

○ 像这种城市上空烟花绽放的场景，一般都是使用低速快门拍摄的

快门速度对曝光的影响

如前面所述，快门速度的快慢决定了曝光量的多少。具体而言，在其他条件不变的情况下，每一倍的快门速度变化，会导致一倍曝光量的变化。例如，当快门速度由 1/125s 变为 1/60s 时，由于快门速度慢了一半，曝光时间增加了一倍，因此，总的曝光量也随之增加了一倍。

○ 快门速度对曝光的影响示例图

通过这组照片可以看出，在其他曝光参数不变的情况下，当快门速度逐渐变慢时，由于曝光时间变长，因此拍摄出来的照片画面也逐渐变亮。

快门速度对画面动感效果的影响

快门速度不仅影响进光量，还会影响画面的动感效果。当表现静止的景物时，快门速度的快慢对画面不会产生什么影响，除非摄影师在拍摄时有意摆动镜头。但在表现动态的景物时，不同的快门速度能够营造出不一样的画面效果。下面一组示例照片是在焦距、感光度都不变的情况下，分别将快门速度依次调慢所拍摄的。

对比下方这一组照片，可以看到当快门速度较快时，水流被定格成为清晰的水珠；当快门速度逐渐降低时，水流在画面中渐渐被"拉长"为运动线条。

○ 快门速度对画面动感效果的影响示例图

拍摄效果	快门速度设置	说明	适用拍摄场景
凝固运动对象的精彩瞬间	使用高速快门	拍摄对象的运动速度越高，采用的快门速度也要越高	运动中的人物、奔跑的动物、飞鸟、瀑布
运动对象的动态模糊效果	使用低速快门	使用的快门速度越低，所形成的动感线条越柔和	流水、夜间的车灯轨迹、风中摇摆的植物、流动的人群

曝光三要素：控制相机感光灵敏度的感光度

理解感光度

在调整曝光时，作为曝光三要素之一的感光度通常是最后一项。感光度是指相机的感光元件（即图像传感器）对光线的感光敏锐程度。即在相同条件下，感光度越高，获得光线的数量也就越多。但要注意的是，感光度越高，产生的噪点就越多，而以低感光度拍摄的画面则清晰、细腻，对细节的表现较好。在光线充足的情况下，一般使用ISO100 即可。

○ 在拍摄状态下，当屏幕上显示图像时，直接转动速控转盘⟶选择所需的 ISO 感光度值

85mm F2 1/500s ISO100

○ 在光线充足的环境下拍摄人像时，使用ISO100 的感光度可以保证画面的细腻

感光度对曝光结果的影响

在某些场合拍摄时，如森林中、光线较暗的博物馆内等，光圈与快门速度已经没有调整的空间了，并且无法开启闪光灯补光，便只剩下提高感光度一种选择。

在其他条件不变的情况下，感光度每增加一挡，感光元件对光线的敏锐度会随之增加一倍，即曝光量增加一倍；反之，感光度每减少一挡，曝光量则减少一半。

固定的曝光组合	想要进行的操作	方法	示例说明
F2.8、1/200s、ISO400	改变快门速度并使光圈值保持不变	提高或降低感光度	例如，快门速度提高一倍（变为 1/400s），则可以将感光度提高一倍（变为 ISO800）
F2.8、1/200s、ISO400	改变光圈值并保证快门速度不变	提高或降低感光度	例如，增加两挡光圈（变为 F1.4），则可以将 ISO 感光度降低两挡（变为 ISO100）

下面是一组保持焦距为 50mm、光圈为 F3.2、快门速度为 1/20s 不变，只改变感光度拍摄的照片。

50mm F3.2 1/20s ISO100

50mm F3.2 1/20s ISO125

50mm F3.2 1/20s ISO200

50mm F3.2 1/20s ISO320

○ 感光度对曝光结果的影响示例图

这组照片是在 M 挡手动曝光模式下拍摄的，在光圈、快门速度不变的情况下，随着 ISO 感光度的提高，由于感光元件的感光敏锐度越来越高，因此画面变得越来越亮。

感光度与画质的关系

对大部分佳能相机而言，当使用 ISO400 以下的感光度拍摄时，均能获得优秀的画质；当使用 ISO500~ISO1600 拍摄时，虽然画质要比使用低感光度时略有降低，但是依旧很优秀。

从实用角度来看，在光照较充分的情况下，使用 ISO1600 和 ISO3200 拍摄的照片细节较完整，色彩较生动，但如果以 100% 的比例进行查看，还是能够在照片中看到一些噪点的，而且光线越弱，噪点越明显。因此，如果不是对画质有特别要求，这个区间的感光度仍然属于能够使用的范围。但是，对一些对画质要求较为苛刻的用户来说，ISO1600 是佳能相机能保证较好画质的最高感光度。

100mm F2.8 1/160s ISO100

100mm F2.8 1/1000s ISO800

100mm F2.8 1/4000s ISO3200

○ 感光度与画质的关系示例图

从这组照片可以看出，在光圈优先曝光模式下，当 ISO 感光度发生变化时，快门速度也发生了变化，因此，照片的整体曝光量并没有变化。但仔细观察细节可以看出，照片的画质随着 ISO 值的增大而逐渐变差。

感光度的设置原则

除了需要高速抓拍或不能给画面补光的特殊场合，以及只能通过提高感光度来拍摄的情况，不建议使用过高的感光度。感光度除了会对曝光产生影响，对画质也有极大的影响，这一点即使是全画幅相机也不例外。感光度越低，画质就越好；反之，感光度越高，就越容易产生噪点、杂色，画质就越差。

在条件允许的情况下，建议采用相机基础感光度中的最低值，一般为 ISO100，这样可以最大限度地保证得到较高的画质。

需要特别指出的是，分别在光线充足与不足的情况下拍摄，即使设置相同的 ISO 感光度，在光线不足时拍出的照片也会产生更多的噪点。如果此时再使用较长的曝光时间，那么就更容易产生噪点。因此，当在弱光环境中拍摄时，需要根据拍摄需求灵活设置感光度，并配合高感光度降噪和长时间曝光降噪功能来获得较高的画质。

感光度设置	对画面的影响	补救措施
光线不足时设置低感光度	会导致快门速度过低，在手持拍摄时容易因为手的抖动而导致画面模糊	无法补救
光线不足时设置高感光度	会获得较高的快门速度，不容易造成画面模糊，但是画面噪点增多	可以用后期处理软件降噪

24mm F5 1/60s ISO800

❍ 在手持相机拍摄建筑的精美内饰时，由于光线较弱，因此需要提高感光度

通过曝光补偿快速控制画面的明暗

曝光补偿的概念

相机的测光原理是基于 18% 中性灰建立的，数码微单相机的测光主要是由场景中物体的平均反光率决定的，除了反光率比较高的场景（如雪景、云景）及反光率比较低的场景（如煤矿、夜景），其他大部分场景的平均反光率都在 18%，而这一数值正是灰度为 18% 物体的反光率。

O 在 P、Tv、Fv、Av、M 模式下，半按快门按钮并查看曝光量指示标尺，然后转动速控转盘 1 ◎即可调节曝光补偿值

因此，可以简单地将测光原理理解为：当拍摄场景中被摄物体的反光率接近 18% 时，相机就会做出正确的测光。所以，当在一些极端环境中拍摄时，如较亮的白雪场景或较暗的弱光环境中，相机的测光结果就是错误的，此时就需要摄影师通过调整曝光补偿来得到正确的曝光结果，如下图所示。

通过调整曝光补偿，可以改变照片的曝光效果，从而使拍摄出来的照片传达出摄影师的表现意图。例如，通过增加曝光补偿，照片轻微曝光过度，可以得到柔和的色彩与浅淡的阴影，使照片有轻快、明亮的效果；通过减少曝光补偿，可以使照片变得阴暗。

在拍摄时，是否能够主动运用曝光补偿技术，是判断一位摄影师是否真正理解摄影光影奥秘的标准之一。

判断曝光补偿的方向

了解了曝光补偿的概念，在拍摄时应该如何应用呢？曝光补偿分为正向与负向，即增加与减少曝光补偿，针对不同的拍摄题材，在拍摄时一般可使用"找准中间灰，白加黑就减"的口诀来判断是增加还是减少曝光补偿。

需要注意的是，"白加"中提到的"白"并不是指单纯的白色，而是泛指一切看上去比较亮的、颜色比较浅的景物，如雪、雾、白云、浅色的墙体、亮黄色的衣服等；同理，"黑减"中提到的"黑"，也并不是单指黑色，而是泛指一切看上去比较暗的、颜色比较深的景物，如夜景、深蓝色的衣服、阴暗的树林、黑胡桃色的木器等。

因此，在拍摄时，若遇到了"白色"的场景，就应该做正向曝光补偿；如果遇到的是"黑色"的场景，就应该做负向曝光补偿。

○ 应根据拍摄题材的特点进行曝光补偿，以得到合适的画面效果

降低曝光补偿还原纯黑

当拍摄主体位于黑色背景前时，按相机默认的测光结果拍摄，黑色的背景往往会显得有些灰旧。为了得到纯黑的背景，需要使用曝光补偿功能来适当减少曝光量，以此得到想要的效果（具体曝光补偿的数值要视暗调背景的面积而定，面积越大，曝光补偿的数值也应越大）。

○ 在拍摄时减少了 0.3 挡曝光补偿，从而获得了纯色的背景，使花朵在画面中显得更加突出『焦距：200mm ┆光圈：F5.6 ┆快门速度：1/160s ┆感光度：ISO100 』

正确理解曝光补偿

许多摄影初学者在刚接触曝光补偿时，以为使用曝光补偿可以在曝光参数不变的情况下，提亮或加暗画面，这种认识是错误的。

实际上，曝光补偿是通过改变光圈与快门速度来提亮或加暗画面的。即在光圈优先模式下，如果增加曝光补偿，相机实际上是通过降低快门速度来实现的；反之，如果减少曝光补偿，则通过提高快门速度来实现。在快门优先模式下，如果增加曝光补偿，相机实际上是通过增大光圈来实现的（直至达到镜头的最大光圈）。因此，当光圈值达到镜头的最大光圈时，曝光补偿就不再起作用；反之，如果减少曝光补偿，则通过缩小光圈来实现。

下面通过两组照片及相应的拍摄参数来佐证这一点。

50 mm F1.4 1/10s ISO100 +1.3EV   50 mm F1.4 1/25s ISO100 +0.7EV   50 mm F1.4 1/25s ISO100 0EV   50 mm F1.4 1/25s ISO100 −0.7EV

○ 光圈优先模式下改变曝光补偿示例图

从上面展示的4张照片可以看出，在光圈优先模式下，改变曝光补偿，实际上改变了快门速度。

50 mm F2.5 1/50s ISO100 −1.3EV   50 mm F2.2 1/50s ISO100 −1EV   50 mm F1.4 1/50s ISO100 +1EV   50 mm F1.2 1/50s ISO100 +1.7EV

○ 快门优先模式下改变曝光补偿示例图

从上面展示的4张照片可以看出，在快门优先模式下，改变曝光补偿，实际上改变了光圈大小。

针对不同场景选择不同的测光模式

当一批摄影爱好者结伴外拍时，发现拍摄同一个场景，有些人拍摄出来的画面曝光不一样，产生这种现象的原因就在于他可能使用了不同的测光模式。下面就来讲一讲为什么要测光，以及测光模式又可以分为哪几种。

佳能微单相机提供了4种测光模式，分别适用于不同的拍摄环境。

评价测光模式

如果摄影爱好者在光线均匀的环境中拍摄大场景的风光照片，如拍摄草原、山景、水景、城市建筑等题材，都应该首选评价测光模式。因为大场景风光照片通常需要考虑整体的光照，这恰好是评价测光的特色。

○ 按 回 按钮显示速控屏幕，转动速控转盘 1 ◎ 选择测光模式选项，然后转动速控转盘 2 △ 或主拨盘 ▽ 选择所需的测光模式选项。也可以在速控屏幕上点击选择

在该模式下，相机会将画面分为多个区域进行平均测光，此模式最适合拍摄日常及风光题材的照片。

当然，如果拍摄雪、雾、云、夜景等这类反光率较高的场景，还需要配合使用曝光补偿技巧。

○ 评价测光模式示意图

○ 色彩柔和、反差较小的风光照片，常用评价测光模式

中央重点平均测光模式 [ ]

在拍摄环境人像时，如果还是使用评价测光模式，会发现虽然环境曝光合适，但人物的肤色有时候却存在偏亮或偏暗的情况。这种情况其实最适合使用中央重点平均测光模式。

中央重点平均测光模式适合拍摄主体位于画面中央主要位置的场景，如人像、建筑物、背景较亮的逆光对象，以及其他位于画面中央的对象。这是因为该模式既能实现画面中央区域的精准曝光，又能保留部分背景的细节。

在中央重点平均测光模式下，测光会偏向取景器的中央位置，但也会同时兼顾其他位置的亮度。根据佳能公司提供的测光模式示意图，越靠近取景器的中心位置灰色越深，表示这样的区域在测光时所占的权重越大；而越靠

边缘的图像，在测光时所占的权重就越小。

例如，当佳能微单相机在测光后认为，画面中央位置的对象正确曝光组合是 F8、1/320s，而其他区域的正确曝光组合是 F4、1/200s，那么由于中央位置对象的测光权重较大，因此最终相机确定的曝光组合可能是 F5.6、1/320s，以优先照顾中央位置对象的曝光。

◎ 中央重点平均测光模式示意图

85mm F2 1/1000s ISO100

◎ 拍摄人物在画面中间位置的照片，最适合使用中央重点平均测光模式

局部测光模式

相信摄影爱好者都见到过暗背景、明亮主体的画面，要想获得此类效果，一般可以使用局部测光模式。局部测光模式是佳能相机独有的测光模式，在该测光模式下，相机将只测量取景器中央 6.2%~10% 的范围。在逆光或局部光照下，如果画面背景与主体明暗反差较大（光比较大），使用这一测光模式拍摄能够获得准确的曝光。

从测光数据来看，局部测光可以认为是中央重点平均测光与点测光之间的一种测光形式，测光面积也在两者之间。

以逆光拍摄人像为例，如果使用点测光模式对准人物面部的明亮处测光，则拍出的照片中人物面部的较暗处就会明显欠曝；反之，使用点测光模式对准人物面部的暗处测光，则拍出的照片中人物面部的较亮处就会明显过曝。

如果使用中央重点平均测光模式进行测光，由于测光的面积较大，而背景又比较亮，因此拍出的照片中人物的面部就会欠曝。而使用局部测光模式对准人像面部任意一处测光，就能够得到很好的曝光效果。

○ 局部测光模式示意图

200mm F2.8 1/1600s ISO100

○ 由于画面中光线反差较大，因此使用了局部测光模式对荷花进行测光，得到了荷花曝光正常的画面

点测光模式 [•]

不管是夕阳下的景物呈现为剪影的画面效果，还是皮肤白皙背景曝光过度的高调人像，都可以利用点测光模式来实现。

点测光是一种高级测光模式，由于相机只对画面中央很小一部分区域（也就是光学取景器中央对焦点周围 1.5%~4.0% 的区域）进行测光，因此具有相当高的准确性。

由于点测光是依据很小的测光点来计算曝光量的，因此测光点位置的选择将会在很大程度上影响画面的曝光效果，尤其是逆光拍摄或画面明暗反差较大时。

如果对准亮部测光，则可得到亮部曝光合适、暗部细节有所损失的画面；如果对准暗部测光，则可得到暗部曝光合适、亮部细节有所损失的画面。所以，拍摄时可根据自己的拍摄意图来选择不同的测光点，以得到曝光合适的画面。

O 点测光模式示意图

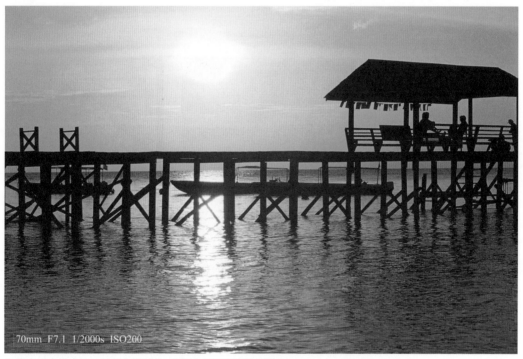

70mm F7.1 1/2000s ISO200

O 用点测光模式针对天空进行测光，得到夕阳氛围强烈的照片

利用曝光锁定功能锁定曝光值

利用曝光锁定功能可以在测光期间锁定曝光值。此功能的作用是允许摄影师针对某一个特定区域进行对焦，而对另一个区域进行测光，从而拍摄出曝光正常的照片。

○ 佳能微单相机的曝光锁定按钮

佳能微单相机的曝光锁定按钮在机身上显示为"＊"。使用曝光锁定功能的方便之处在于，即使我们松开半按快门的手，重新进行对焦、构图，只要按住曝光锁定按钮，那么相机还是会以刚才锁定的曝光参数进行曝光。

进行曝光锁定的操作方法如下：

1. 对选定区域进行测光，如果该区域在画面中所占的比例很小，则应靠近被摄物体，使其充满取景器的中央区域。

2. 半按快门，此时在取景器中会显示一组光圈和快门速度组合数据。

3. 释放快门，按下曝光锁定按钮＊，相机会记住刚刚得到的曝光值。

4. 重新取景构图、对焦，完全按下快门即可完成拍摄。

50mm F3.2 1/250s ISO100

○ 用长焦镜头对人物面部测光示意图

○ 先对人物的面部进行测光，锁定曝光并重新构图后再进行拍摄，从而保证面部获得正确的曝光

使用包围曝光拍摄光线复杂的场景

包围曝光是指通过设置一定的曝光变化范围，分别拍摄曝光不足、曝光正常与曝光过度3张照片的拍摄技法。例如，将曝光补偿设置为±1EV，即代表分别拍摄减少1挡曝光、正常曝光和增加1挡曝光的照片，从而兼顾画面的高光、中间调及暗调区域的细节。

什么情况下应该使用包围曝光

如果拍摄现场的光线很难把握，或者拍摄的时间很短暂，为了避免曝光不准确而失去这次难得的拍摄机会，可以使用包围曝光功能来确保万无一失。此时可以通过设置包围曝光，使相机针对同一场景连续拍摄出3张曝光量略有差异的照片。每一张照片曝光量具体相差多少，可由摄影师自己决定。在具体拍摄过程中，摄影师无须调整曝光量，相机将根据设置自动在第一张照片的基础上增加、减少一定的曝光量拍摄另外两张照片。

按此方法拍摄出来的3张照片，总会有一张是曝光相对准确的照片，因此使用包围曝光功能能够提高拍摄的成功率。

○ 遇到这种光线不错的雪景，为了避免因烦琐地设置曝光参数而错失拍摄良机，可以使用包围曝光功能

自动包围曝光设置

默认情况下，使用包围曝光功能可以（按3次快门或使用连拍功能）拍摄3张照片，得到增加曝光量、正常曝光量和减少曝光量3种不同曝光结果的照片。

❶ 在**拍摄菜单2**中选择**曝光补偿/AEB**选项

❷ 点击 ➕ 或 ➖ 图标设置曝光补偿，并以此为基础设置包围曝光的曝光量

❸ 点击 图标设置自动包围曝光值，设置完成后，点击 SET OK 图标确定

设置包围曝光拍摄数量

在使用自动包围曝光及白平衡包围曝光拍摄时，可以在"包围曝光拍摄数量"菜单中指定要拍摄的数量。

❶ 在**自定义功能菜单1**中选择**包围曝光拍摄数量**选项

❷ 选择所需的拍摄数量，然后点击 SET OK 图标确定

为合成HDR照片拍摄素材

对于风光、建筑等题材，可以使用包围曝光功能拍摄出不同曝光结果的照片，并进行HDR合成，从而得到高光、中间调及暗调都具有丰富细节的照片。

○ 在拍摄 3 张照片时都增加了 0.3 挡的曝光补偿，并在此基础上设置了 ±0.7EV 的包围曝光，因此拍摄得到的 3 张照片分别为 −0.4EV、+0.3EV、+1.0EV 的效果

白平衡与色温的概念

摄影爱好者将自己拍摄的照片与专业摄影师的照片做对比后，往往会发现除了构图、用光有差距，通常色彩也没有专业摄影师还原得精准。原因很简单，因为专业摄影师在拍摄时，对白平衡进行了精确设置。

○ 按 M-Fn 按钮，然后转动速控转盘 1 ◎选择白平衡选项，再转动主拨盘 选择白平衡模式选项

什么是白平衡

简单地说，白平衡就是由相机提供的，确保摄影师在不同的光照环境下拍摄时，均能真实地还原景物的颜色。

无论是在室外的阳光下，还是在室内的白炽灯下，人的固有观念会将白色的物体视为白色，将红色的物体视为红色。有这种感觉是因为人的眼睛能够修正光源变化造成的色偏。

实际上，当光源改变时，这些光的颜色也会发生变化，相机会精确地将这些变化记录在照片中，这样的照片在校正之前看上去是偏色的，但其实这才是物体在当前环境下的真实色彩。相机具备的白平衡功能，可以校正不同光源下的色偏，就像人眼一样，使偏色的照片得以纠正。例如，在晴天拍摄时，拍摄出来的画面整体会偏向蓝色调，而眼睛所看到的画面并不偏蓝，此时，就可以将白平衡模式设置为"日光"模式，使画面中的蓝色减少，还原出景物本来的色彩。

什么是色温

在摄影领域，色温用于说明光源的成分，单位用"K"表示。例如，日出日落时，光的颜色为橙红色，这时色温较低，大约为3200K；太阳升高后，光的颜色为白色，这时色温高，大约为5400K；阴天的色温还要高一些，大约为6000K。色温值越大，则光源中所含的蓝色光越多；反之，色温值越小，光源中所含的红色光越多。

低色温的光趋于红、黄色调，其能量分布中红色调较多，因此，通常又被称为"暖光"；高色温的光趋于蓝色调，其能量分布较集中，也被称为"冷光"。通常在日落之时，光线的色温较低，因此，拍摄出来的画面偏暖，适合表现夕阳静谧、温馨的感觉。为了加强这样的画面效果，可以使用暖色滤镜，或者将白平衡设置成阴天模式。晴天、中午时分的光线色温较高，拍摄出来的画面偏冷，通常这时空气的能见度也较高，可以很好地表现大景深的场景。另外，冷色调的画面可以很好地表现出清冷的感觉，以开阔视野。

后面的图例展示了不同光源对应的色温值范围，即当处于不同的色温范围时，所拍摄出来的照片的色彩倾向。

通过示例图可以看出，相机中的色温与实际光源的色温是相反的，这便是白平衡的工作原理，通过对应的补色来进行补偿。

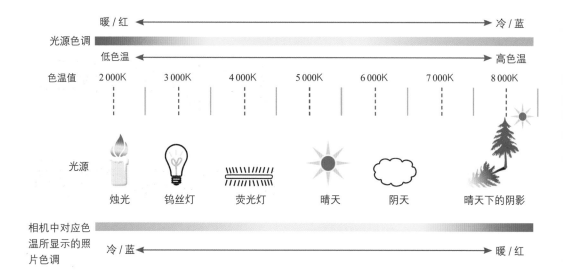

色温对照片色彩的影响

了解色温并理解色温与光源之间的联系，使摄影爱好者可以通过在相机中改变预设白平衡模式、自定义设置色温（K）值，来获得色调不同的照片。

通常情况下，当自定义设置的色温和光源色温一致时，能获得准确的色彩还原效果；如果设置的色温高于拍摄时现场光源的色温，则照片的颜色会向暖色偏移；如果设置的色温低于拍摄时现场光源的色温，则照片的颜色会向冷色偏移。

这种通过手动调节色温获得不同色彩倾向或使画面偏某色调的手法，在摄影中经常使用。

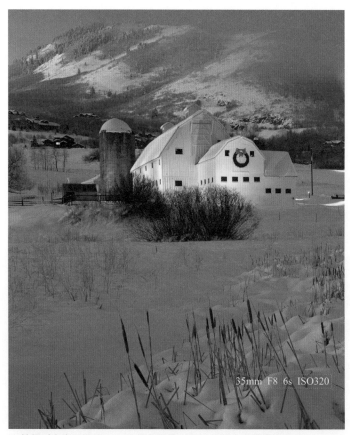

35mm F8 6s ISO320

○ 拍摄时自定义设置 3500K 的色温值，可以凸显夜晚雪地的寒冷

佳能相机白平衡的含义与典型应用

佳能相机预设自动、日光、阴影、阴天、钨丝灯、白色荧光灯及闪光灯 7 种白平衡模式。

通常情况下，使用自动白平衡就可以得到较好的色彩还原，但这不是万能的。例如，在室内灯光下或多云的天气下，拍摄的画面会出现还原不正常的情况。此时就要针对不同的光线环境还原色彩，如钨丝灯、白色荧光灯和阴天等。但如果不确定应该使用哪一种白平衡，最好选择自动白平衡模式。

阴影白平衡色温：7000K	阴天白平衡色温：6000K	闪光灯白平衡色温：6000K
当在晴天的阴影中拍摄时，由于色温较高，使用阴影白平衡模式可以获得较好的色彩还原。阴影白平衡可以营造出比阴天白平衡更浓郁的暖色调，常应用于日落题材	在相同的现有光源下，阴天白平衡可以营造出一种较浓郁的红色的暖色调，给人温暖的感觉，适用于云层较厚的天气，或者在阴天、黎明、黄昏等环境中拍摄时使用	闪光灯白平衡主要用于平衡使用闪光灯时的色温，较为接近阴天时的色温。但要注意的是，不同的闪光灯，其色温值也不尽相同，因此需要通过实拍测试才能确定色彩还原是否准确
日光白平衡色温：5200K	白色荧光灯白平衡色温：4000K	钨丝灯白平衡色温：3200K
在空气较为通透或天空有少量薄云的晴天拍摄时，一般只要将白平衡设置为日光白平衡，就能获得较好的色彩还原。但如果在正午时分，又或者在日出前、日落后拍摄，则不适用此白平衡	使用白色荧光灯白平衡模式可以营造出偏蓝的冷色调，不同的是，白色荧光灯白平衡的色温比钨丝灯白平衡的色温更接近现有光源色温，所以显示出的色彩相对接近原色彩	钨丝灯白平衡模式适用于拍摄宴会、婚礼、舞台表演等，由于色温较低，因此可以得到较好的色彩还原。而拍摄其他场景会使画面色调偏蓝，严重影响色彩还原

○ 黄昏时设置阴影模式拍摄，以增强画面的暖色调　　17mm F8 1/10s ISO100

手调色温：自定义画面色调

使用预设白平衡虽然可以直接设置某个色温值，但毕竟只有几个固定的值，而在光线复杂的情况下，使用自动白平衡模式还原色彩的准确度又不高，为了使画面的色彩能够得到更为准确的还原，便需要手动选择色温值。

佳能微单相机支持的色温范围为 2500~10000K，并且可以以100 为单位进行调整，与预设白平衡的 3000~7000K 色温范围相比，更加灵活、方便。

因此，在对色温有更高、更细致要求的情况下，拍摄时可以直接通过手调色温的方式设置一个特定的色温值。比如，当使用室内灯光拍摄时，很多光源（影室灯、闪光灯等）都是有固定色温的，将白平衡设置为此色温值即可。

如果在无法确定色温的环境中拍摄，则可以先拍摄几张样片进行测试和校正，以便找到此环境的准确色温值。

下面是不同光线条件下，建议设置的色温值列表。

❶ 在**拍摄菜单3**中选择**白平衡**选项

❷ 选择**色温**选项，然后点击▶、◀图标选择色温值，选择完成后点击 SET OK 图标确定

常见光源或环境色温一览表			
蜡烛及火光	1900K 以下	晴天中午的太阳	5400K
朝阳及夕阳	2000K	普通日光灯	4500~6000K
家用钨丝灯	2900K	阴天	6000K 以上
日出后一小时的阳光	3500K	金卤灯	5600K
摄影用钨丝灯	3200K	晴天时的阴影下	6000~7000K
早晨及午后的阳光	4300K	水银灯	5800K
摄影用石英灯	3200K	雪地	7000~8500K
平常白昼	5000~6000K	电视屏幕	5500~8000K
220 V 日光灯	3500~4000K	无云的蓝天	10000K 以上

○ 手动选择较高的色温值，得到了色调浓郁的画面

对焦及对焦点的概念

什么是对焦

准确对焦是成功拍摄的重要前提之一。准确对焦可以将主体在画面中清晰地呈现出来；反之，则容易出现画面模糊的问题，也就是所谓的"失焦"。

一个完整的拍摄过程如下所述。

首先，选定光线与被摄主体。

其次，通过操作将对焦点移至被拍摄主体上需要合焦的位置。例如，在拍摄人像时通常以眼睛作为合焦位置。

再次，对被摄主体进行构图操作。

最后，半按快门启动相机的对焦、测光系统，再完全按下快门结束拍摄操作。

在这个过程中，对焦操作起到确保照片画面清晰的作用。

什么是对焦点

相信摄影爱好者在购买相机时，都会详细查看所选相机的性能参数，其中包括该相机的自动对焦点数量。

那么，什么是自动对焦点呢？

从被摄对象的角度来说，对焦点就是相机在拍摄时合焦的位置。例如，在拍摄花卉时，如果将对焦点选在花蕊上，则最终拍摄出来的花蕊部分就是最清晰的。

从相机的角度来说，对焦点是在液晶监视器及取景器上显示的数个方框，在拍摄时摄影师需要使相机的对焦框与被摄对象的对焦点准确合一，以指导相机应该对哪一部分进行合焦。

100mm F4.5 1/1000s ISO200

○ 将对焦点放置在蝴蝶的头部，并使用大光圈拍摄，得到了背景虚化而蝴蝶清晰的照片　　○ 相机对焦示意图

根据拍摄题材选用自动对焦模式

如果说了解测光可以帮助我们正确地还原影调，那么选择正确的自动对焦模式，则可以帮助我们获得清晰的影像，而这恰恰是拍出好照片的关键环节之一。佳能相机提供了单次、人工智能伺服和人工智能3种自动对焦模式。下面介绍各种自动对焦模式的特点及适用场合。

拍摄静止的对象选择单次自动对焦（ONE SHOT）

在单次自动对焦模式下，相机在合焦（半按快门时对焦成功）之后即停止自动对焦，此时可以保持快门的半按状态重新调整构图。

单次自动对焦模式是风光摄影最常用的对焦模式之一，特别适合拍摄静止的对象，如山峦、树木、湖泊、建筑等。当然，在拍摄人像、动物时，如果被摄对象处于静止状态，也可以使用这种对焦模式。

○ 先将镜头的对焦模式开关置于 AF 端，按 M-Fn 按钮，转动速控转盘 1 ⊙选择自动对焦操作选项，然后转动主拨盘⌒选择所需的自动对焦模式

○ 用单次自动对焦模式拍摄静止的对象，画面焦点清晰，构图也更加灵活，不用拘泥于仅有的对焦点

拍摄运动的对象选择人工智能伺服自动对焦（AI SERVO）

在拍摄运动中的鸟、昆虫、人等对象时，如果摄影爱好者还使用单次自动对焦模式，便会发现拍摄的大部分画面都不清晰。对于运动的主体，在拍摄时，最适合选择人工智能伺服自动对焦模式。

在人工智能伺服自动对焦模式下，当摄影师半按快门合焦后，保持快门的半按状态，相机会在对焦点中自动切换以保持对运动对象的准确合焦状态。如果在这个过程中被摄对象的位置发生了较大的变化，只需移动相机使自动对焦点保持覆盖主体，就可以持续进行对焦。

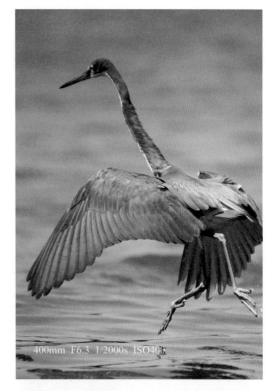

400mm F6.3 1/2000s ISO400

○ 当拍摄从水面起飞的鸟儿时，适合使用人工智能伺服自动对焦模式

拍摄动静不定的对象选择人工智能自动对焦（AI FOCUS）

越来越多的人因为家里有小孩子而购买微单相机，以记录小孩子的日常，但当真正拿起相机拍他们时，发现小孩子的动和静毫无规律可言，想要拍出好照片太难了。

佳能微单相机针对这种无法确定被拍摄对象是静止还是运动状态的拍摄情况，提供了人工智能自动对焦模式。在此模式下，相机会自动根据被拍摄对象是否运动来选择单次自动对焦模式还是人工智能伺服自动对焦模式。

例如，在动物摄影中，如果所拍摄的动物暂时处于静止状态，但有突然运动的可能，应该使用人工智能自动对焦模式，以保证能够将被拍摄对象清晰地捕捉下来。在人像摄影中，如果模特不是摆拍，随时有可能从静止状态变为运动状态，也可以使用这种自动对焦模式。

70mm F5 1/640s ISO100

○ 儿童玩耍的状态无法确定动静，因此，可以使用人工智能自动对焦模式

手选对焦点的必要性

　　不管是拍摄静止的对象还是拍摄运动的对象，并不是说只要选择了相对应的自动对焦模式，便能成功拍摄了，在进行了这些操作之后，还要手动选择对焦点或对焦区域的位置。

　　例如，在拍摄摆姿人像时，需要将对焦点放在人物眼睛处，使人物眼睛炯炯有神。如果要拍摄的人物处于树叶或花丛的后面，对焦点的位置很重要。如果对焦点的位置在树叶或花丛中，那么拍摄出来的人物会是模糊的；而如果将对焦点放在人物上，那么拍摄出来的照片会是前景虚化的唯美效果。

　　同样的，在拍摄运动的对象时，也需要选择对焦区域的位置，因为不管是人工智能还是人工智能伺服自动对焦模式，都是从选择的对焦区域开始追踪对焦被拍摄对象的。

○ 按相机背面右上方的自动对焦点选择按钮田，然后按多功能控制钮❋调整对焦点或对焦区域的位置。也可以点击屏幕来选择对焦点的位置

50mm F2.8 1/320s ISO100

○ 采用单点自动对焦区域模式手动选择对焦点进行拍摄，保证了对人眼进行准确的对焦

○ 手选对焦点示意图

8 种情况下手动对焦比自动对焦更好

虽然大多数情况下，使用自动对焦模式便能成功对焦，但在某些场景，需要手动对焦才能更好地完成拍摄。在下面列举的一些情况下，相机的自动对焦系统往往无法准确对焦，此时就应该切换至手动对焦模式，然后手动调节对焦环完成对焦。

手动对焦拍摄还有一个好处，就是在对某一物体进行对焦后，只要在不改变焦平面的情况下再次构图，则不需要再进行对焦，这样就节约了拍摄时间。

○ 将镜头上的对焦模式切换器置于 MF 的位置，即可切换至手动对焦模式

■ 杂乱的场景：当拍摄场景中充满杂乱无章的物体，特别是当被摄主体较小，或者没有特定形状、大小、色彩、明暗时，例如，树林、挤满行人的街道等，在这样的场景中，想要精准地对主体对焦，手动对焦就变得必不可少。

■ 弱光环境：当在漆黑的环境中拍摄时，例如，拍摄星轨、闪电或光绘时，物体的反差很小。除非用对焦辅助灯或其他灯光照亮被拍摄对象，否则应该使用手动对焦模式来完成对焦操作。

■ 微距题材：当使用微距镜头拍摄微距题材时，由于画面的景深极浅，使用自动对焦模式往往会跑焦，所以使用手动对焦模式将焦点对准主体进行对焦，更能提高拍摄的成功率。

■ 被摄对象前方有障碍物：如果被摄对象前方有障碍物，例如，拍摄笼子中的动物、花朵后面的人等，使用自动对焦模式就会对焦在障碍物上而不是被摄对象上，此时使用手动对焦模式可以精确地对焦至主体上。

■ 建筑物：现代建筑物的几何形状和线条经常会迷惑相机的自动对焦系统，造成对焦困难。有经验的摄影师一般都采用手动对焦模式来拍摄。

■ 低反差：低反差是指被摄对象和背景的颜色或色调比较接近，例如，拍摄一片雪地中的白色雪人，使用自动对焦模式是很难对焦成功的。

■ 高对比：当拍摄对比强烈的明亮区域时，例如，在日落时，拍摄以纯净天空为背景、人物为剪影效果的画面，手动对焦模式比自动对焦模式好用。

■ 背景占大部分画面：被摄主体在画面中较小，背景在画面中占比较大，例如，一个小小的人站在纯净的红墙前，自动对焦系统往往不能准确、快速地对人物对焦，而切换到手动对焦模式，则可以做得又快又好。

○ 在拍摄微距题材时，通常使用手动对焦模式，以保证对画面中的主体清晰对焦『焦距：100mm ┆ 光圈：F8 ┆ 快门速度：1/320s ┆ 感光度：ISO400』

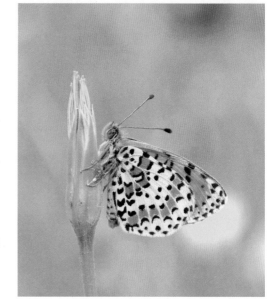

驱动模式与对焦功能的搭配使用

针对不同的拍摄任务，需要将快门设置为不同的驱动模式。例如，抓拍高速移动的物体，为了保证成功率，可以通过相应的设置使摄影师按下一次快门能够连续拍摄多张照片。

佳能中、高端相机提供了单拍□、高速连拍□H、低速连拍□、静音单拍□S、静音连拍□S、10秒自拍/遥控 ⓘ⟳、2秒自拍/遥控 ⓘ⟳2等7种驱动模式。入门级相机只有一种连拍模式，其他驱动模式相同。

○ 按 M-Fn 按钮，然后转动速控转盘 1 ◎选择驱动模式选项，转动主拨盘 ⟳可选择不同的驱动模式。也可以按速控按钮 ⊙，在速控屏幕中设置驱动模式

单拍模式

在此模式下，每次按下快门都只能拍摄一张照片。单张拍摄模式适合拍摄静态的对象，如风光、建筑、静物等题材。

静音单拍模式的操作方法和拍摄题材与单拍模式基本类似，但由于使用静音单拍模式时相机发出的声音更小，因此更适合在较安静的场所进行拍摄，或者拍摄易于被相机快门声音惊扰的对象。

连拍模式

在连拍模式下，每次按下快门都将连续进行拍摄。佳能入门级相机都提供了连拍和静音连拍两种模式，中、高端相机提供了高速连拍、低速连拍和静音连拍 3 种模式。以 80D 相机为例，其高速连拍的速度约为 7 张 / 秒，低速连拍和静音连拍的连拍速度约为 3 张 / 秒，即在按下快门 1 秒的时间里，相机将连续拍摄约 7 张或 3 张照片。

连拍模式适合拍摄运动的对象。当将被摄对象的瞬间动作全部抓拍下来以后，可以从中挑选最满意的画面。利用这种拍摄模式，也可以将持续发生的事件拍摄成一系列照片，从而展现一个相对完整的过程。

自拍模式

佳能微单相机提供了两种自拍模式，可以满足不同的拍摄需求。

■10 秒自拍/遥控 ⓘ⟳：在此驱动模式下，可以在10秒后进行自动拍摄，此驱动模式支持与遥控器搭配使用。

■2秒自拍/遥控 ⓘ⟳2：在此驱动模式下，可以在两秒后进行自动拍摄，此驱动模式也支持与遥控器搭配使用。

值得一提的是，所谓的自拍驱动模式并非只能用来给自己拍照。例如，在需要使用较低的快门速度拍摄时，可以将相机放在一个稳定的位置，并进行变焦、构图、对焦等操作。然后通过设置自拍驱动模式，避免手按快门产生震动，进而拍摄到清晰的照片。

什么是大景深与小景深

举个最直接的例子，人像摄影中背景虚化的画面就是小景深画面，风光摄影中前后景物都清晰的画面就是大景深画面。

景深的大小与光圈、焦距及拍摄距离这 3 个要素密切相关。

当拍摄者与被摄对象之间的距离非常近，或者使用长焦距或大光圈拍摄时，就能得到很强烈的背景虚化效果；反之，当拍摄者与被摄对象之间的距离较远，或者使用小光圈或较短的焦距拍摄时，画面的虚化效果则会较差。

另外，被摄对象与背景之间的距离也是影响背景虚化的重要因素。例如，当被摄对象距离背景较近时，即使使用 F1.4 的大光圈也不能得到很好的背景虚化效果；但当被摄对象距离背景较远时，即便使用 F8 的光圈，也能获得较强烈的虚化效果。

在下面的章节中将分情况讨论不同拍摄因素对景深的影响。

拍摄要素与景深的关系

景深大	远	←	相机与被摄对象之间的距离	→	近	景深小
	短	←	焦距	→	长	
	小	←	光圈	→	大	

由镜头决定的因素

17mm F8 1/6s ISO50

○ 大景深效果的照片

100mm F4 1/200s ISO200

○ 小景深效果的照片

影响景深的因素：光圈

光圈是控制景深（背景虚化程度）的重要因素。即在相机焦距不变的情况下，光圈越大，景深越小；反之，光圈越小，景深越大。如果在拍摄时想通过控制景深来使自己的作品更有艺术效果，就要学会合理地使用大光圈和小光圈。

在包括Canon EOS R5/R6在内的所有数码微单相机中，都有光圈优先曝光模式，配合上面的理论，通过调整光圈数值的大小，即可拍摄出不同的对象或表现不同的主题。

例如，大光圈主要用于人像摄影、微距摄影，通过虚化背景来突出主体；小光圈主要用于风景摄影、建筑摄影、纪实摄影等，以便使画面中的所有景物都能清晰地呈现出来。

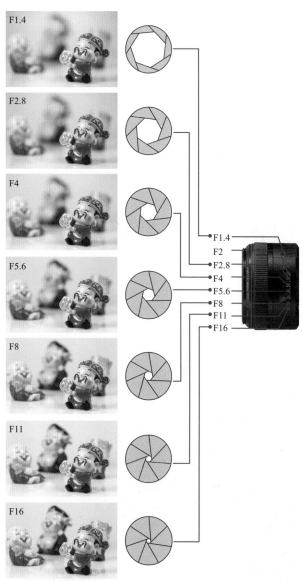

F1.4
F2.8
F4
F5.6
F8
F11
F16

F1.4
F2
F2.8
F4
F5.6
F8
F11
F16

○ 从示例图中可以看出，当光圈从 F1.4 逐渐缩小到 F16 时，画面的景深逐渐变大，画面背景处的玩偶逐渐清晰

后景深　前景深

对焦平面

F2.8
F4
F5.6
F8
F11

○ 从示例图中可以看出，光圈越大，前、后景深越小；光圈越小，前、后景深越大。其中，后景深又是前景深的两倍

影响景深的因素：焦距

当其他条件相同时，拍摄时所使用的焦距越长，画面的景深就越浅（小），也就可以得到更明显的虚化效果；反之，焦距越短，则画面的景深就越深（大），越容易得到前后都清晰的画面效果。

○ 70mm 焦距拍摄效果

○ 140mm 焦距拍摄效果

○ 200mm 焦距拍摄效果

影响景深的因素：物距

拍摄距离对景深的影响

在其他条件不变的情况下，拍摄者与被摄对象之间的距离越近，则越容易得到小景深的虚化效果；反之，如果拍摄者与被摄对象之间的距离较远，则不容易得到虚化效果。从下面的照片可以看出，镜头距离蜻蜓越远，背景模糊效果就越差，景深越大；反之，镜头越靠近蜻蜓，则背景虚化效果就越好，景深越小。

○ 镜头距离蜻蜓 100cm

○ 镜头距离蜻蜓 70cm

○ 镜头距离蜻蜓 40cm

背景与被摄对象的距离对景深的影响

在其他条件不变的情况下，画面中的背景与被摄对象的距离越远，越容易得到小景深的虚化效果；反之，如果画面中的背景与被摄对象位于同一个焦平面上，或者非常靠近，则景深较大。通过下面这组照片可以看出，在镜头位置不变的情况下，玩偶距离背景越近，则背景的虚化程度就越小。

○ 玩偶距离背景 20cm

○ 玩偶距离背景 10cm

○ 玩偶距离背景 0cm

控制背景虚化用 Av 模式

许多刚开始学习摄影的爱好者，提出的第一个问题就是如何拍摄出人物清晰、背景模糊的照片。其实，使用 Av 光圈优先模式便可以拍摄出来这种效果。切换至 Av 模式的方法如右图所示。

在光圈优先曝光模式下，相机会根据当前设置的光圈大小自动计算出合适的快门速度。

在同样的拍摄距离下，光圈越大，则景深越小，即画面中的前景、背景的虚化效果就越好；反之，光圈越小，则景深越大，即画面中的前景、背景的清晰度就越高。总结成口诀就是"大光圈景浅，完美虚背景；小光圈景深，远近都清楚"。

○ 按 MODE 按钮，然后转动主拨盘选择 Av 图标，即选择了光圈优先模式。在光圈优先模式下，用户可以通过转动主拨盘来选择光圈值

○ 使用光圈优先曝光模式，并配合大光圈，可以得到非常漂亮的背景虚化效果，这是人像摄影中很常见的一种表现形式

50mm F2.2 1/1000s ISO125

24mm F14 1/15s ISO100

○ 用小光圈拍摄的自然风光，画面有足够大的景深，前后景都清晰

定格瞬间动作用 Tv 模式

足球场上的精彩瞬间、飞翔在空中的鸟儿、海浪拍岸所溅起的水花等题材都需要使用高速快门抓拍。而在拍摄这样的题材时，摄影爱好者应首先想到使用Tv快门优先模式。切换至Tv模式的方法如右图所示。

在快门优先模式下，摄影师可以转动主拨盘从 30~1/8000s（APS-C 画幅相机为 30~1/4000s）范围内选择所需快门速度，然后相机会自动计算光圈的大小，以获得正确的曝光组合。

初学者可以用口诀"快门凝瞬间，慢门显动感"来记忆，即设定较高的快门速度可以凝固快速的动作或移动的主体；设定较低的快门速度可以形成模糊效果，从而产生动感。

18mm F10 1/2s ISO100

○ 按 MODE 按钮，然后转动主拨盘 ⚬⚬⚬ 选择 Tv 图标，即选择了快门优先模式。在快门优先模式下，用户可以通过转动主拨盘⚬⚬⚬来选择快门速度值

○ 用快门优先曝光模式，以低速快门拍摄，海浪呈现出丝线般的效果

匆忙抓拍用 P 挡

当在拍摄街头抓拍，或者拍摄纪实、新闻等题材时，最适合使用 P 挡程序自动模式。此模式的最大优点是操作简单、快捷，适合拍摄快照或不用十分注重曝光控制的场景。切换至 P 挡程序自动模式的方法如右图所示。

在此拍摄模式下，相机会自动选择一种适合手持拍摄并且不受相机抖动影响的快门速度，同时还会调整光圈以得到合适的景深，以确保所有景物都能得到清晰的呈现。摄影师还可以设置ISO 感光度、白平衡和曝光补偿等其他参数。

○ 按 MODE 按钮，转动主拨盘⚬⚬⚬选择 P 图标，即选择了程序自动模式。在 P 模式下，用户可以通过转动主拨盘⚬⚬⚬来选择快门速度和光圈的不同组合

自由控制曝光用 M 模式

全手动曝光模式的优点

对于前面的曝光模式,摄影初学者问得较多的问题是:"P、Av、Tv、M 这 4 种模式,哪个模式好用,比较容易上手?"专业摄影大师们往往推荐 M 模式。其实这 4 种模式并没有好用与不好用之分,只不过 P、Av、Tv 这 3 种模式都由相机控制部分曝光参数,摄影师可以手动设置一些其他参数;而在全手动曝光模式下,所有的曝光参数都可以由摄影师手动进行设置,因而比较符合专业摄影大师们的习惯。

具体说来,使用 M 模式拍摄还具有以下优点:

■ 使用M挡全手动曝光模式拍摄,当摄影师设置好恰当的光圈、快门速度后,即使移动镜头再次进行构图,光圈与快门速度也不会发生变化。

■ 使用其他曝光模式拍摄,往往需要根据场景的亮度,在测光后进行曝光补偿操作;而在M挡全手动曝光模式下,由于光圈与快门速度都是由摄影师设定的,因此设定其他参数的同时就可以将曝光补偿考虑在内,从而省略了曝光补偿的设置过程。因此,在全手动曝光模式下,摄影师可以按自己的想法让影像曝光不足,以使照片显得较暗,给人忧伤的感觉,或者让影像稍微过曝,拍摄出明快的高调照片。

■ 当在摄影棚拍摄并使用了频闪灯或外置非专用闪光灯时,由于无法使用相机的测光系统,需要使用测光表或通过手动计算来确定正确的曝光值,因此就需要手动设置光圈和快门速度,从而实现正确的曝光。

○ 按 MODE 按钮,然后转动主拨盘 选择M图标,即选择了手动模式。在手动曝光模式下,转动主拨盘可以调节快门速度,转动速控转盘1 可以调节光圈,转动速控转盘2 可以调节感光度

○ 在光线、环境没有较大变化的情况下,使用 M 挡手动曝光模式可以以同一组曝光参数拍摄多张不同构图或摆姿的照片

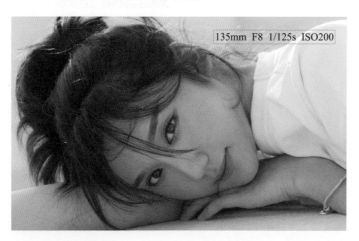

135mm F8 1/125s ISO200

判断曝光状况的方法

在使用 M 挡全手动曝光模式拍摄时，为避免出现曝光不足或曝光过度的问题，摄影师可通过观察液晶监视器和取景器中的曝光量游标的情况，来判断是否需要修改及应该如何修改当前的曝光参数组合。

判断的依据就是当前曝光量游标的位置，当其位于标准曝光量的位置时，就能获得相对准确的曝光。

需要特别指出的是，如果希望拍出曝光不足的低调照片或曝光过度的高调照片，则需要调整光圈与快门速度，使当前曝光量游标处于正常曝光量标志的左侧或右侧，游标越向左侧偏移，曝光不足程度越高，照片越暗。反之，如果当前曝光量游标在正常曝光量标志的右侧，则当前照片处于曝光过度状态，且游标越向右侧偏移，曝光过度程度越高，照片越亮。

标准曝光量标志　当前曝光量标志

○ 当用 M 挡拍摄的风景照片时，不用考虑曝光补偿，也不用考虑曝光锁定，当曝光量标志位于标准曝光量标志的位置时，就能获得相对准确的曝光

灵活优先曝光用 Fv 模式

在 Fv 灵活优先曝光模式下，既可以使快门速度、光圈和 ISO 感光度由相机自动计算，也可以由用户根据当前拍摄需求灵活地手动调节，并且可以与曝光补偿组合搭配。通过分别控制这些参数，相当于在此模式下，可以执行与 P、Tv、Av、M 模式一样的拍摄操作，非常灵活、方便，适用于多样性的拍摄场景中。

下表为 Fv 灵活优先曝光模式中的功能组合。

快门速度	光圈值	ISO感光度	曝光补偿	曝光模式
AUTO	AUTO	AUTO	可用	相当于P模式
AUTO	AUTO	手动选择	可用	相当于P模式
手动选择	AUTO	AUTO	可用	相当于Tv模式
手动选择	AUTO	手动选择	可用	相当于Tv模式
AUTO	手动选择	AUTO	可用	相当于Av模式
AUTO	手动选择	手动选择	可用	相当于Av模式
手动选择	手动选择	AUTO	可用	相当于M模式
手动选择	手动选择	手动选择	-	相当于M模式

○ 按 MODE 按钮，然后转动主拨盘选择 Fv 图标。通过转动速控转盘 2 选择快门速度、光圈、ISO 感光度或曝光补偿 4 个项目，转动主拨盘选择所需的数值

拍烟花、车轨、银河、星轨用 B 门模式

摄影初学者在拍摄朵朵绽开的烟花、乌云下的闪电等对象时，往往都只能抓拍到一朵烟花或漆黑的天空，这种情况的确让人顿感失落。

其实，对于光绘、车流、银河、星轨、焰火等这种需要长时间曝光并手动控制曝光时间的题材，其他模式都不适合，应该用 B 门模式拍摄，切换到 B 门模式的方法如右侧图所示。

在 B 门曝光模式下，持续地完全按下快门按钮将使快门一直处于打开状态，直到松开快门按钮时快门被关闭，才完成整个曝光过程。因此，曝光时间取决于快门按钮被按下与被释放的时间长短。

当使用 B 门曝光模式拍摄时，为了避免拍摄的照片模糊，应该使用三脚架及遥控快门线辅助拍摄，若不具备条件，至少也要将相机放置在平稳的地面上。

○ 按 MODE 按钮，然后转动主拨盘选择 BULB 图标，即选择了 B 门曝光模式。在 B 门模式下，用户可以转动主拨盘选择光圈值

28mm F16 60s ISO50

○ 通过 60s 的长时间曝光，拍摄得到放射状的流云画面

存储拍摄参数用自定义拍摄模式

佳能微单相机提供了3个自定义拍摄模式，即C1、C2和C3。在这种模式下，相机会使用用户自定义保存的拍摄参数进行拍摄，可自定义的拍摄参数包括拍摄模式、ISO 感光度、自动对焦模式、自动对焦点、测光模式、图像画质和白平衡等。

例如，若经常需要拍摄夜景，则可以将拍摄模式设置为B门、开启长时间曝光降噪功能、将色温调整至2800K，这样就能够轻松地拍摄出画面纯净、灯光璀璨的蓝调夜景，并将这些参数定义给C1。下次再拍摄同样的场景时，只需切换至C1曝光模式，即可调出这组参数。

O 按 MODE 按钮，然后转动主拨盘 🔘 选择 C1 ~ C3 图标，即可以切换至自定义拍摄模式

注册自定义拍摄模式

在注册时，先在相机中设定要注册到C模式中的各种拍摄参数，如拍摄模式、曝光组合、自动对焦模式、自动对焦点、测光模式、驱动模式、曝光补偿量和闪光补偿量等。然后按下图所示的操作步骤进行操作即可。

❶ 在**设置菜单5**中选择**自定义拍摄模式（C1~C3）**选项

❷ 选择**注册设置**选项

❸ 选择要注册的自定义模式

自动更新设置

若将"自动更新设置"选项设置为"启用"，则在使用自定义拍摄模式时，用户所修改的拍摄参数将自动保存至当前的自定义拍摄模式中。

❶ 在**设置菜单5**中，在**自定义拍摄模式（C1~C3）**中选择**自动更新设置**选项

❷ 选择**关闭**或**启用**选项

清除自定义设置

如果要重新设置 C 模式注册的参数，可以先将其清除。在**设置菜单 5** 中，在**自定义拍摄模式（C1~C3）**中选择**清除设置**选项，选择要清除设置的模式即可。

第3章
拍摄照片与视频的构图与用光
美学基础理论

理解两大构图目的

营造画面的兴趣中心

一幅成功的摄影作品，画面必须要有一个鲜明的兴趣中心，在点明画面主题的同时，也是吸引观赏者注意力的关键所在。一幅作品无法包罗万象，纳入过多对象只会使画面显得杂乱无章，且易分散观赏者的注意力，使画面主题表达不明确。

而营造画面兴趣中心要求画面只突出表现一个景物，有一个清晰而鲜明的事物或主题思想，可以是整个物体或物体的某个组成部分，也可以是一个抽象的构图元素，抑或是几个元素的组合等，从而使画面产生统一感。选择好所要表现的主体对象之后，摄影师可以通过画面的布局、大小和对比来加强主体对象的表现，并使之在画面中占据绝对优势。

赋予画面形式美感

形式美在摄影中的运用，通常是指将构成画面的基本视觉元素，如色彩、形状、线条和质感等，通过组织、提炼呈现出的审美特征。

作为一名摄影师，要相信绝大部分事物都有其独特的视觉审美点，无论它是渺小还是宏伟、华丽还是朴素。摄影师的任务就是从形态、线条、质感、明暗、颜色及光线等方面进行观察，综合运用各种造型手段，将被拍摄对象的形式美体现在照片中。

○ 以弯曲的河流作为前景，起到视觉引导的作用，让人随之观看远处的高山，以及恰好飘在山峰之上的彩云，整个画面浑然一体（焦距：24mm ┆ 光圈：F11 ┆ 快门速度：1/25s ┆ 感光度：ISO100）

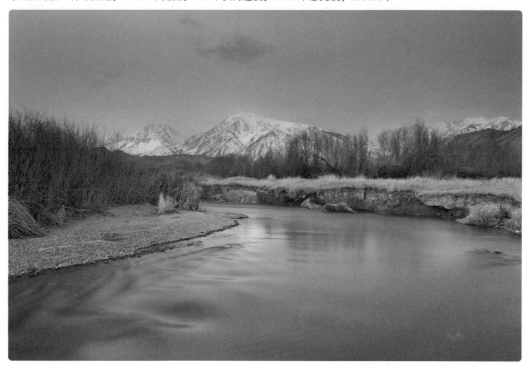

摄影构图与摄像构图的异同

在当前的视频时代，许多摄影师并非只拍摄静态的照片，还会拍摄各类视频。因此，笔者认为有必要对摄影构图与摄像构图的异同进行阐述，以便于各位读者在掌握本书所讲述的知识后，除了可以应用到照片拍摄活动中，还能够灵活运用到视频拍摄领域。

相同之处

两者的相同之处在于，视频画面也需要考虑构图。在考虑构图手法时，应用到的知识与静态的摄影构图没有区别。所以，当人们欣赏优秀的电影、电视作品时，将其中的一个静帧抽取出来欣赏，其美观度不亚于一张用心拍摄的静态照片。下图所示为电影《妖猫传》的一个镜头，不难看出，导演在拍摄时使用了非常严谨的对称式构图。

○ 电影中对称式构图的应用

这也就意味着，拍摄照片涉及的构图法则、构图逻辑等理论知识，完全可以用于视频拍摄的构图。

不同之处

由于视频是连续运动的画面，所以构图时不仅要考虑当前镜头的构图，还要综合考虑前后几个镜头，从而形成一个完整的镜头段落，以这个段落来表达某一主题。所以，如果照片属于静态构图，那么视频则属于动态构图。

例如，要表现一栋建筑，如果采用摄影构图，通常以广角镜头来表现。而在拍摄视频时，首先以低角度拍摄建筑的局部，再从下往上摇镜头，则更能表现其雄伟气派的特点。因为这样的镜头类似于人眼的观看方式，更容易让人有身临其境的感觉。

因此，在拍摄视频时，需要确定分镜头脚本，以确定每一个镜头表现的景别及要重点突出的内容，不同镜头之间相互补充，然后通过一组镜头形成一个完整的作品。

也正因如此，在视频拍摄过程中，要重点考虑的是一组镜头的总体效果，而不是某一个静帧画面的构图效果，要按照局部服从整体的原则来考虑构图。

当然，如果有可能，每一个镜头的构图都非常美观是最好的，但实际上，这很难保证。因此，不能按静态摄影构图的标准来要求视频画面的构图效果。

另外，在拍摄静态照片时，会运用竖画幅、方画幅构图，但对视频来说，除非上传至抖音、快手等短视频平台，一般不使用这两种画幅进行构图。

画面的主要构成

画面主体

在一张照片中，主体不仅承担着吸引观者视线的作用，同时也是表现照片主题最重要的元素，而主体以外的元素，则应该围绕着主体展开，作为突出主体或表现主题的陪衬。

从内容上来说，主体可以是人，也可以是物，甚至可以是一个抽象的对象；而在构成上，点、线与面都可以成为画面的主体。

○ 用大光圈虚化了背景，在小景深的画面中蝴蝶非常醒目

100mm F5.6 1/200s ISO200

画面陪体

陪体在画面中并非必需的，但恰当地运用陪体可以让画面更为丰富，渲染不同的气氛，对主体起到解释、限定、说明的作用，有利于传达画面的主题。

有些陪体并不需要出现在画面中，通过主体发出的某种"信号"，能让观者感觉到画面以外陪体的存在。

○ 拍摄人像时将气球作为陪体，可以使画面氛围更加活泼，同时也丰富了画面的色彩

85mm F2.8 1/100s ISO100

景别

景别是影响画面构图的另一个重要因素。景别是指因镜头与被摄体之间距离的变化，使被摄主体在画面中所呈现的范围大小的区别。

特写

特写可以说是专门刻画细节或局部特征的一种景别，在内容上能够以小见大，而对环境则表现得非常少，甚至完全忽略。

需要注意的是，正因为特写景别是针对局部进行拍摄的，有时甚至会达到纤毫毕现的程度，因此对拍摄对象的要求更为苛刻，以避免细节不完美，影响画面的效果。

O 用长焦镜头表现角楼的细节，突出其古典的结构特点

近景

当采用近景景别拍摄时，环境所占的比例非常小，对主体的细节层次与质感表现较好，画面具有鲜明、强烈的感染力。如果以人体来衡量，近景主要拍摄人物胸部以上的部分。

O 利用近景表现角楼，可以很好地突出其局部的结构特点

中景

中景通常是指选取被摄主体的大部分，从而对其细节表现得更加清晰。同时，画面中也会有一些环境元素，用以渲染整体气氛。如果以人体来衡量，中景主要拍摄人物上半身至膝盖左右的部分。

O 中景画面中的角楼，可以看出其层层叠叠的建筑结构，很有东方特色

全景

全景以拍摄主体作为画面的重点，主体全部显示于画面中，适合表现主体的全貌，相比远景更易于表现主体与环境之间的密切关系。例如，在人物肖像摄影中，运用全景构图，既能展示出人物的行为动作、面部表情与穿着等，也可以从某种程度上来表现人物的内心活动。

○ 全景很好地表现了角楼整体的结构特点

远景

远景通常是指画面中除了被摄主体，还包括更多的环境因素。远景在渲染气氛、抒发情感、表现意境等方面具有独特的效果，远景画面具有广阔的视野，在气势、规模、场景等方面的表现力更强。

○ 广角镜头表现了角楼和周围的环境，画面看起来很有气势

15 种必须掌握的构图法则

黄金分割——核心构图法则

黄金分割构图来源于黄金分割比例。

将正方形底边分成二等份，取中点 x，并以此为圆心、以线段 xy 为半径画圆，其与底边直线的交点为 z 点，这样将正方形延伸为一个比例为 5：8 的矩形，即 $A：C=B：A=5：8$，此比例就是著名的黄金分割比例。除了 5：8 的比例，在实际使用时，也会采用 2：3 或 3：5 等近似的比例。

对于主流数码相机，无论是 APS-C 画幅还是全画幅，其画幅比例都比较接近 5：8，因此在拍摄时，能够非常容易地应用黄金分割法进行构图，从而达到快速获得完美构图的目的。

在上面推导出的完美矩形的基础上，绘制其左下角与右上角的对角线，再从右下角绘制 y 点的连线，并相交于对角线，这样就把矩形分成了 3 个不同的部分，按照这样的布局安排画面中的元素，就比较容易获得完美的构图。

○ 黄金分割法示意图

○ 黄金分割的另一种形式

○ 用黄金分割构图法将人物头部放在黄金分割点上，起到了突出主体的作用（焦距：145mm ┊ 光圈：F5.6 ┊ 快门速度：1/400s ┊ 感光度：ISO100）

对摄影而言，真正用到黄金分割法的情况相对较少，因为在实际拍摄时很多画面元素并非摄影师可以控制的，再加上视角、景别等多种变数，因此很难实现完美的黄金分割构图。

但值得庆幸的是，经过不断的实践运用，人们总结出了黄金分割法的一些特点，进而演变出了一些相近的构图方法，如九宫格法（又称为三分法）就是其中一个重要的构图方法，其基本目的就是避免对称式构图的呆板。

在此构图方法中，画面中线条的4个交点称为黄金分割点，可以将主体置于黄金分割点上，也可以将其置于任意一条分割线的位置。

○ 九宫格构图法示意图

○ 用九宫格构图法将荷花放在线的交点处，起到了突出主体的作用（焦距：185mm ┊ 光圈：F5.6 ┊ 快门速度：1/400s ┊ 感光度：ISO100 ）

三分线——自然、稳定的构图

　　三分法构图是比较稳定、自然的构图。把主体放在三分线上，可以引导人的视线更好地注意到主体。这种构图法一直以来被各种风格的拍摄者广泛使用。当然，如果所有的摄影都采用这种构图法也就没有趣味可言了。

○将人物放在画面右侧的三分线上，使观赏者的视线第一时间被主体吸引（焦距：60mm ┆光圈：F5.6 ┆快门速度：1/125s ┆感光度：ISO100）

水平线——宽阔、稳定的构图

　　水平线构图是典型的安定式构图，是通过构图手法使主体景物在画面中呈现为一条或多条水平线的构图手法。采用这种构图的画面能够给人以淡雅、幽静、安宁、平静的感觉。

○夕阳西下，一叶扁舟静静地"躺"在平静的水面上。通过将水平线放在画面中央，很好地表现出了这一刻的静谧（焦距：16mm ┆光圈：F10 ┆快门速度：8s ┆感光度：ISO100）

垂直线——高大、灵活的构图

垂直线构图即通过构图手法使主体景物在画面中呈现为一条或多条垂直线。和水平线构图一样，垂直线构图也是一种基本的构图方式，画面在垂直方向有延伸感，给人以高大、耸立及生长感，象征着希望与庄严。

如果画面中的对象不宜顶天立地贯通画面，应在构图上使其上端或下端留有一定的空间，否则会有堵塞感。

○ 用垂直线构图表现树木的高大、挺拔，以及顽强的生命力

曲线——优美、柔和的构图

曲线构图即通过调整镜头的焦距和拍摄角度，使所拍摄的景物在画面中呈现为曲线的构图手法，能给人带来一种优美的感觉。其中，典型的是 S 形曲线构图，它能使画面富有变化，引导观赏者的视线随曲线蜿蜒转移，呈现出舒展的视觉效果。

○ 用曲线构图表现河流的蜿蜒曲折之美

斜线——活力无限的构图

斜线构图能够表现运动感，使画面在斜线方向上有视觉动势和运动趋向，从而使画面充满强烈的运动速度感。拍摄激烈的赛车或其他速度型比赛时，常用此类构图方式。如果用这种构图方式拍摄茅草，能够体现出轻风拂过的感觉，为画面增加清爽的气息。

○ 用斜线构图表现运动趋势及动感之美

对角线——强调方向的构图

对角线构图即在摄影取景范围内，经过拍摄者的选择和提炼，使主体景物呈现出明显的对角线线条。采用这种构图方式拍摄的照片，能够引导观赏者的视线随着线条的指向移动，从而使画面产生一定的运动感、延伸感。

○ 用对角线构图将观赏者的思绪延伸到画面之外

放射线——发散式构图

使用放射线构图拍摄，一般需要对风景进行仔细观察才能找到符合要求的放射线。使用此种构图方式拍摄的照片具有舒展的开放性和力量感。例如，阳光透过云层向下照射就会给人一种梦幻而神圣的感觉。

○ 用放射线构图展现树林不断汇聚至一点的形式美感

框架——更好地突出主体

框架构图是指充分利用前景物体作为框架进行拍摄，框架可以是任何形状。这种构图方式能使画面中景物的层次更丰富，加强画面的空间感，并能更好地突出主体，以强调画面的视觉中心点。

在具体拍摄时，可以考虑用窗、门、树枝、阴影、手等为画面制作"框架"。

○ 用框架构图将观赏者的视线吸引至画面主体上，并营造良好的空间层次感

对称——相互呼应的构图

对称构图是一种比较传统的构图方式，在构图时使画面中的元素上下对称或左右对称。这种构图方式能使画面给人严肃、庄重的感觉，同时在对比过程中能更好地突出主体，但有时会略显呆板、不生动。

○ 用对称构图表现山脉的严肃与庄重感

透视牵引——增强空间感的构图

透视牵引构图能使观赏者的视线聚集在整个画面中的某个点或某条线上，形成一个视觉中心。和放射线构图不同的是，它并没有一定的规律可循。采用透视牵引构图的照片对观者的视线具有引导作用，而且增强了整个画面的空间感。这种构图方式常用于拍摄桥梁或笔直的道路，使画面具有很强的纵深感，同时增强画面尽头的神秘感和未知感。

○ 用透视牵引构图引导观赏者的视线，并突出画面的纵深感

散点——随意自然的构图

散点构图以分散的点状形象来构成画面，就像一些珍珠散落在银盘里，使整个画面中的景物既有聚又有散，既存在不同的形态，又统一于照片的背景中。

散点构图常见于以俯视角度表现地面上的牛、羊、马群，或者草地上星罗棋布的花朵。

O 用散点构图让画面看起来轻松、随意，疏密有致又不失美感

紧凑——突出主体的构图

紧凑构图是指主体在整个画面中占据绝大部分面积，可以被更好地突出，给人留下深刻的印象。此种构图方式多用于拍摄人像特写或微距题材。

O 用紧凑构图让画面中的昆虫纤毫毕现，产生了强烈的冲击力

正三角形——稳重且有力度

正三角形构图能营造稳定的安全感，使画面呈现出一种向上的延伸感。三角形构图易使画面产生呆滞感，所以拍摄者要充分发挥创造力，寻找兴趣点。

O 用正三角形构图表现山脉的庄重与稳定

倒三角形——不稳定的动态感

倒三角形构图相对较为新颖，相比正三角形构图，倒三角形构图给人的感觉是稳定感不足，但更能体现出一种不稳定的张力，以及一种视觉和心理上的压迫感。

O 用倒三角形构图表现皇家建筑的压迫感，并且使画面产生较强的张力

光的属性

直射光

光源直接照射到被摄体上，使被摄体受光面明亮、背光面阴暗，这种光线就是直射光。

在直射光照射下，对象会产生明显的亮面、暗面与投影，所以会表现出强烈的明暗对比。当以直射光照射被摄对象时，有利于表现被摄体的结构和质感，因此是建筑摄影、风光摄影的常用光线之一。

24mm F18 1/640s ISO

○ 在直射光下拍摄的风光，明暗反差对比强烈，线条硬朗，画面有力量

散射光

散射光是指没有明确照射方向的光，例如阴天、雾天时的天空光，或者添加柔光罩的灯光，水面、墙面、地面反射的光线也是典型的散射光。散射光的特点是照射均匀，被摄体明暗反差小，影调平淡柔和，能较为理想地呈现出细腻且丰富的质感和层次，但同时也会带来被摄对象体积感不足的负面影响。

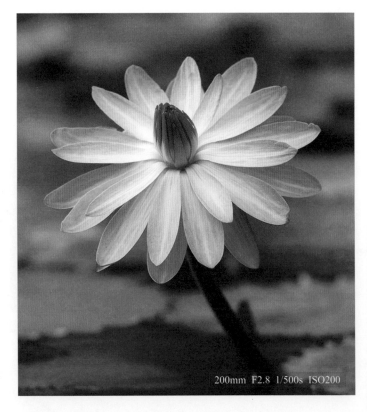

○ 用散射光拍摄的照片色调柔和，明暗反差较小，画面整体效果素雅洁净

200mm F2.8 1/500s ISO200

光的方向

光线的方向在摄影中也被称为光位，指光源位置与拍摄方向所形成的角度。当不同方向的光线投射到同一个物体上时，会形成 6 种在摄影时要重点考虑的光位，即顺光、侧光、前侧光、逆光、侧逆光和顶光。

顺光

顺光也称"正面光"，指光线的投射方向和拍摄方向相同的光线。在这样的光线下，被摄体受光均匀，景物没有大面积的阴影，色彩饱和，能表现丰富的色彩效果。但由于没有明显的明暗反差，所以对层次感和立体感的表现较差。

200mm F4 1/320s ISO100

○ 以顺光拍摄的画面，虽然较好地表现了体积与颜色，但层次感的表现一般

侧光

侧光是最常见的一种光线，侧光的投射方向与拍摄方向形成的夹角大于 0° 小于 90°。在侧光下拍摄，被摄体的明暗反差、立体感、色彩还原、影调层次都有较好的表现。其中，又以 45° 的侧光最符合人们的视觉习惯，因此是一种最常用的光位。

200mm F16 1/500s ISO100

○ 用侧光拍摄的山峦，可以使山峦看起来更立体，画面的层次感也更强

前侧光

前侧光是指投射的方向和相机的拍摄方向呈 45°角左右的光线。在前侧光下拍摄的物体会产生部分阴影，明暗反差比较明显，画面看起来富有立体感。因此，这种光位在摄影中比较常见。另外，前侧光可以照亮景物的大部分，在曝光控制上也较容易掌握。

无论是人像摄影、风光摄影，还是建筑摄影等摄影题材，前侧光都有较广泛的应用。

50mm F11 1/125s ISO100

○ 用前侧光拍摄人物，可使其大面积处于光线照射下，从画面中可看出，模特皮肤明亮，五官很有立体感

逆光

逆光也称"背光"，光线照射方向与拍摄方向相反，因为能勾勒出被摄物体的轮廓，所以又称轮廓光。在逆光下拍摄需要对所拍摄的对象进行补光，否则画面的立体感和空间感将被压缩，甚至成为剪影照。

200mm F5 1/800s ISO100

○ 在逆光拍摄的画面中，人物呈剪影效果，拍摄这类画面时背景要简洁

侧逆光

通俗地讲，侧逆光就是后侧光，是指光线从被摄对象的后侧方投射而来。采用侧逆光拍摄可以使被摄景物同时产生侧光和逆光的效果。

如果画面中包含的景物比较多，靠近光源方向的景物轮廓就会比较明显，而背向光源方向的景物则会有较深的阴影，这样一来，画面中就会呈现出明显的明暗反差，产生较强的立体感和空间感，应用在人像摄影中能产生主体与背景分离的效果。

70mm F2.8 1/250s ISO100

○ 当在侧逆光下拍摄人像时，人物被光线照射的头发呈现出发光的效果

顶光

顶光是指照射光线来自被摄体的上方，与拍摄方向成90°夹角，是戏剧用光的一种，在摄影中单独使用的情况不多。尤其是在拍摄人像照片时，会在被摄对象的眉弓、鼻底及下颌等处形成明显的阴影，不利于表现被摄人物的美感。

200mm F3.2 1/500s ISO100

○ 在顶光下拍摄花朵，由于明暗差距较大，因此看起来光感强烈，配合大光圈的使用，画面主体突出且明亮、干净

光比的概念与运用

　　光比是指被摄对象受光面亮度与阴影面亮度的比值，是摄影的重要参数之一。光比还指被摄对象相邻部分的亮度之比，或者被摄对象主要部位亮部与暗部之间的反差。光比大，反差就大；光比小，反差就小。

　　光比的大小，决定着画面明暗的反差，使画面形成不同的影调和色调。拍摄时巧用光比，可以有效地表现被摄对象"刚"与"柔"的特性。例如，拍摄女性、儿童时常用小光比，拍摄男性、老人时常用大光比。所以，我们可以根据想要表现的画面效果来合理地控制画面的光比。

200mm F4 1/400s ISO100

135mm F5.6 1/250s ISO100

○ 用大光比塑造人物，通常可以强化人物的性格表现，营造画面氛围，画面中的女孩看起来很时尚

○ 光比较小的人像照片能够较好地表现出人物柔美的肤质和细腻的女性气质

第4章
镜头的分类、卡口及佳能
微单镜头推荐

镜头名称解读

通常镜头名称中都包含很多数字和字母，佳能RF镜头专用于佳能微单相机，采用了独立的命名体系，各数字和字母都具有特定的含义，熟记这些数字和字母所代表的含义，就能很快了解一款镜头的性能。

RF 24-105mm F4 L IS USM
① ② ③ ④

O RF 24-105mm F4 L IS USM 镜头

① RF：代表此镜头适用于EOS 微单相机。

② 24-105mm：代表镜头的焦距范围。

③ F4：表示镜头所拥有的最大光圈。光圈恒定的镜头采用单一数字表示，如RF28-70mm F2 L USM；光圈浮动的镜头会标出光圈的浮动范围，如佳能EF 70-300mm F4-5.6 L IS USM。

④ L：L为Luxury（奢侈）的缩写，表示此镜头属于高端镜头。此标记仅赋予通过了佳能内部特别标准认证的、具有优良光学性能的高端镜头。

IS：IS是Image Stabilizer（图像稳定器）的缩写，表示镜头内部搭载了光学式手抖动补偿机构。

USM：表示自动对焦机构的驱动装置采用了超声波马达（USM）。USM 将超声波振动转换为旋转动力，从而驱动对焦。

认识佳能相机的4种卡口

佳能拥有全画幅微单、APS-C画幅微单、全画幅单反与APS-C画幅单反4个产品线，这4个产品线上的相机分别使用RF卡口、RF-S卡口、EF卡口和EF-S卡口。

O RF 镜头：RF50mm F1.2 L USM

O RF-S 镜头：RF-S18-150mm F3.5-6.3 IS STM

其中，佳能全画幅单反相机使用所有EF系列镜头；佳能APS-C画幅单反相机可以使用EF系列镜头和EF-S系列镜头。全画幅微单相机能够使用RF系列镜头，APS-C画幅微单能够使用RF卡口及RF-S卡口系列镜头。

比如，EF 24-70mm F2.8这款镜头为EF镜头，它可以同时在全画幅单反及APS-C画幅反上使用；EF-S 10-22mm F3.5-4.5这款EF-S镜头则只能在APS-C画幅单反相机上使用；RF 50mm F1.2这款RF镜头，能在全画幅及APS-C画幅微单相机上使用。

O EF 镜头：EF 24-70mm F2.8 L Ⅱ USM

O EF-S 镜头：EF-S 10-22mm F3.5-4.5 USM

认识4款卡口适配器

卡口适配器用于在佳能微单相机上连接EF/EF-S系列镜头，可以满足用户扩展镜头使用数量及选择范围的需求。根据不同用户的拍摄需求，共有4款卡口适配器。

第一款是标准版卡口适配器，采用全电子卡口，可以对应EF/EF-S镜头的自动对焦、手抖动补偿等功能，且具备防水滴、防尘结构。

第二款是控制环卡口适配器，它在标准版卡口适配器的基础上增加了控制环，使得转接EF/EF-S镜头后，可以获得与RF镜头控制环相同的操作感觉。在旋转控制环时还具有定位感及操作动作音，为用户掌握操作量提供了方便。

第三款是插入式滤镜卡口适配器（含插入式圆形偏光滤镜），与标准版卡口适配器具有相同的功能，并且支持专用的插入式偏光滤镜，为经常使用偏光滤镜且需要频繁更换不同镜头的用户提供了经济、便捷的解决方案。

第四款是插入式滤镜卡口适配器（含插入式可变ND滤镜），可支持专用的插入式可变ND滤镜，适用于经常使用ND滤镜拍摄的用户。

○ 标准版卡口适配器 EF-EOS R

○ 控制环卡口适配器 EF-EOS R

○ 插入式滤镜卡口适配器 EF-EOS R，带有插入式圆形偏光滤镜

○ 插入式滤镜卡口适配器 EF-EOS R，带有插入式可变 ND 滤镜

购买镜头合理搭配原则

摄影爱好者在选购镜头时应该注意各镜头的焦段搭配，尽量避免重合，甚至可以留出一定的"中空"。

比如，佳能"大三元"系列的3支镜头，即RF 15-35mm F2.8 L IS USM、RF24-70mm F2.8 L IS USM、RF 70-200mm F2.8 L IS USM镜头，覆盖了从广角到长焦最常用的焦段，且各镜头之间焦距的衔接紧密，三款镜头的焦段重叠很少，因此浪费比较少。

15~35mm焦段	24~70mm焦段	70~200mm焦段
RF 15-35mm F2.8 L IS USM	RF24-70mm F2.8 L IS USM	RF 70-200mm F2.8 L IS USM

了解恒定光圈镜头与浮动光圈镜头

恒定光圈镜头

恒定光圈，指在镜头的任何焦段下都拥有相同的光圈。如佳能 RF24-70mm F2.8 L IS USM 在 24～70mm 之间的任意一个焦距下拥有 F2.8 的大光圈，以保证充足的进光量、更好的虚化效果，所以价格也比较贵。

○ 恒定光圈镜头 RF24-70mm F2.8 L IS USM

浮动光圈镜头

浮动光圈，指光圈会随着焦距的变化而改变，例如佳能 RF24-105mm F4-7.1 IS STM，当焦距为 24mm 时，最大光圈为 F4；而焦距为 105mm 时，其最大光圈就自动变为了 F7.1。浮动光圈镜头的性价比较高是其较大的优势。

○ 浮动光圈镜头 RF24-105mm F4-7.1 IS STM

定焦镜头与变焦镜头的优劣势

在选购镜头时，除了要考虑原厂、副厂、拍摄用途，还涉及定焦与变焦镜头之间的选择。

如果用一句话来说明定焦与变焦的区别，那就是"定焦取景基本靠走，变焦取景基本靠扭"。由此可见，两者之间最大的区别就是一个焦距固定，另一个焦距不固定。

下面通过表格来了解一下两者之间的区别。

○ 在这组照片中，摄影师只需选好合适的拍摄位置，就可利用变焦镜头拍摄出不同景别的人像作品

定焦镜头	变焦镜头
RF85mm F1.2 L USM	RF-S18-150mm F3.5-6.3 IS STM
恒定大光圈	浮动光圈居多，少数为恒定大光圈
最大光圈可达到 F1.8、F1.4、F1.2	少数镜头最大光圈能达到 F2.8
焦距不可调节，改变景别靠走	可以调节焦距，改变景别不用走
成像质量优异	大部分镜头成像质量不如定焦镜头
除了少数超大光圈镜头，其他定焦镜头售价都低于恒定光圈的变焦镜头	生产成本较高，镜头售价较高

大倍率变焦镜头的优势

变焦范围大

大倍率变焦镜头是指那些拥有较大的变焦范围，通常都具有 5 倍、10 倍甚至更高的变焦倍率，例如 RF-S18-150mm F3.5-6.3 IS STM。

价格亲民

这类镜头的价格普遍不高，普通摄影爱好者也能够轻松购买。

在各种环境下都可发挥作用

大倍率变焦镜头的大变焦范围，让用户在各种情况下都可以轻松实现拍摄。比如参加活动时，常常是在拥挤的人群中拍摄，此时可能根本无法动弹，或者在需要抓拍、抢拍时，如果镜头的焦距不合适，则很难拍摄到好的照片。而对焦距范围较大的大倍率变焦镜头来说，则几乎不存在这样的问题，在拍摄时可以通过随意变焦，以各种景别对主体进行拍摄。

又如，在拍摄人像时，可以使用广角或中焦焦距拍摄人物的全身或半身像，在摄影师保持不动的情况下，只需改变镜头的焦距，就可以轻松地拍摄人物的脸部甚至是眼睛的特写。

所以这类镜头又被称为一镜走天下的镜头。

大倍率变焦镜头的劣势

成像质量不佳

由于变焦倍率高、价格低廉等原因，大倍率变焦镜头的成像质量通常都处于中等水平。但如果在使用时避免使用最长与最短焦距，在光圈设置上避免使用最大光圈或最小光圈，则可以有效地改善画质，因为在使用最大和最小光圈拍摄时，成像质量下降、暗角及畸变等问题都会表现得更为明显。

机械性能不佳

大倍率变焦镜头很少采取防潮、防尘设计，尤其是在变焦时，通常会向前伸出一截或两截镜筒，这些位置不可避免地会有间隙，长时间使用难免会进灰，因此，平时应特别注意尽量不要在潮湿、灰尘较大的环境中使用。

另外，对于会伸出镜筒的镜头，在使用一段时间后，也容易出现阻尼不足的问题，即当相机朝下时，镜筒可能会自动滑出。因此，在日常使用时，应尽量避免用力、急速地拧动变焦环，以延长阻尼的使用寿命。当镜头提供变焦锁定开关时，还应该在不使用的时候锁上此开关，避免自动滑出的情况出现。

等效焦距的转换

摄影爱好者常用的佳能微单相机一般分为两种画幅，一种是全画幅，一种是APS-C画幅。

佳能 APS-C 画幅相机的 CMOS 感光元件的尺寸为22.3mm×14.9mm，由于比全画幅的感光元件（36mm×24mm）小，因此，其视角也会变小。但为了与全画幅相机的焦距数值统一，也为了便于描述，一般会通过换算的方式得到一个等效焦距，佳能 APS-C 画幅相机的焦距换算系数为1.6。

因此，如果将焦距为100mm的镜头装在全画幅相机上，其焦距仍为100mm；但如果将其装在R10等APS-C画幅相机上时，焦距就变为了160mm。

用公式表示为：**APS-C等效焦距 = 镜头实际焦距 × 转换系数**（1.6）。

学习换算等效焦距的意义在于，摄影爱好者要了解同样一支镜头安装在全画幅相机与 APS-C 画幅相机所带来的不同效果。

例如，如果摄影爱好者的相机是 APS-C 画幅，但是想购买一支全画幅定焦镜头用于拍摄人像，那么就要考虑到焦距的选择。通常 85mm 左右焦距拍摄出来的人像是最为真实、自然的。在购买时，不能直接选择 85mm 的定焦镜头，而是应该选择 50mm 的定焦镜头，因为其换算焦距后等于 80mm。

○ 35mm 全画幅拍摄范围　　○ APS-C 画幅拍摄范围

视角 84° 06′　　视角 60° 98′

镜头　主点　镜头

相同焦距 24mm

焦点

○ 假设此照片是使用全画幅相机拍摄的，那么在相同的情况下，使用 APS-C 画幅相机就只能拍摄到图中红色框中所示的范围

了解焦距对视角、画面效果的影响

焦距对拍摄视角有非常大的影响。例如，使用广角镜头的 14mm 焦距拍摄，其视角能够达到 114°；而如果使用长焦镜头的 200mm 焦距拍摄，其视角只有 12°。不同焦距镜头对应的视角如下图所示。

由于不同焦距镜头的视角不同，因此不同焦距镜头适用的拍摄题材也有所不同。比如，

焦距短、视角宽的广角镜头常用于拍摄风光；而焦距长、视角窄的长焦镜头则常用于拍摄体育比赛、鸟类等位于远处的对象。要记住不同焦段的镜头的特点，可以从下面这句口诀开始："短焦视角广，长焦压空间，望远景深浅，微距景更短"。

○ 超长焦 /300mm

○ 长焦 /200mm

○ 中焦 /100mm

○ 标准 /50mm

○ 广角 /35mm

○ 超广角 /14mm

4款佳能高素质RF镜头点评

RF 50mm F1.2 L USM｜超大光圈与高画质兼具的RF镜头

该款镜头的设计运用了RF卡口大口径与短法兰距的特点，使其能达到F1.2大光圈的同时保持高画质。利用F1.2的超大光圈，可以实现相当小的景深与美丽的虚化效果，非常适合人像与微距题材的拍摄。

为了得到超高的画质，该镜头的光学结构为9组15片，使用了2片研磨非球面镜片与1片GMo（玻璃模铸）非球面镜片，通过合理配置3片具有高折射率的非球面镜片，实现了F1.2大光圈下画面中心到边缘整体的高画质表现。

与此同时，该款镜头还采用了防反射效果非常突出的ASC镀膜，可提高镜片的透射率，有效抑制画面内光源造成的眩光与鬼影，降低了逆光对成像的影响，带来了清晰、通透的照片效果。此外，通过对全像素双核CMOS AF与镜头控制的优化，即便在F1.2光圈下，仍然可以实现高精度的自动对焦。

镜片结构	9组15片
光圈叶片数	10
最大光圈	F1.2
最小光圈	F16
最近对焦距离（cm）	40
最大放大倍率	0.19
滤镜尺寸（mm）	77
规格（mm）	89.8×108
质量（g）	950

RF 15-35mm F2.8 L IS USM｜覆盖常用广角焦段的高性能大光圈镜头

这是具备15mm超广角与IS影像稳定器的佳能微单系列专用"大三元"镜头之一。得益于佳能RF卡口大口径与短后对焦距离带来的光学设计灵活性，实现了具有15mm超广角焦距，其宽广的视角不仅可将广阔的景物纳入画面中，更能进一步强调透视感，拍出壮观的感觉，特别适合建筑与风光摄影等。而镜头35mm的远摄端能够提供变形较少的自然视角及适度的透视效果，适合街拍、美食、人像等多种题材。

除了在焦距方面非常实用，它还是佳能恒定F2.8光圈L级广角变焦镜头中首款具备IS影像稳定器的镜头，配合有机内IS检测功能的相机使用，在手持拍摄照片时，最大的手抖动补偿效果提升相当于5级快门速度，配合F2.8的大光圈，即使在昏暗的场景下，也能得到清晰的画面。

此镜头包含2片UD（超低色散）镜片和3片非球面镜片，可抑制色像差、球面像差和歪曲像差等。此外，该款镜头采用的SWC亚波长结构镀膜和ASC镀膜防反射效果非常好，提高了镜片的透射率，有效地减少了炫光与鬼影，在逆光场景下也能拍出清晰、通透的照片效果。

镜片结构	12组16片
光圈叶片数	9
最大光圈	F2.8
最小光圈	F22
最近对焦距离（cm）	28
最大放大倍率	0.21
滤镜尺寸（mm）	82
规格（mm）	88.5×126.8
质量（g）	840

RF 28-70mm F2 L USM丨具有F2大光圈的顶级RF标准变焦镜头

这款镜头采用了13组19片的光学结构，其中包含1片超级UD（超级超低色散）镜片和2片UD（超低色散）镜片，可有效抑制轴向色像差和倍率色像差，从而在全焦段的最大光圈下拥有不输定焦镜头的光学成像性能。

RF 28-70mm F2 L USM在人像摄影中的表现尤为抢眼。F2大光圈不仅能锐利地呈现人物主体，还兼顾了自然的背景虚化效果，且合焦位置到焦外过渡很柔和。9片光圈叶片的设计使得焦外的光斑自然且美丽，增强了画面的立体感，为用户的人像作品创作提供了有力支持。

与此同时，该款镜头还采用了防反射效果比较好的SWC亚波长结构镀膜和ASC镀膜，可提高镜片的透射率，有效抑制画面内光源造成的眩光与鬼影，降低了逆光对成像的影响，带来了清晰、通透的照片效果。

此外，该镜头采用环形USM超声波马达，可实现安静、快速的自动对焦及顺畅的焦点过渡，具备防尘、防水滴结构和防污氟镀膜，可靠性更强。

镜片结构	13组19片
光圈叶片数	9
最大光圈	F2
最小光圈	F22
最近对焦距离（cm）	39
最大放大倍率	0.18
滤镜尺寸（mm）	95
规格（mm）	103.8×139.8
质量（g）	1430

RF 70-200mm F2.8 L IS USM丨新生"大三元"小型化的RF"小白IS"

此镜头是佳能新生"大三元"镜头之一，与备受好评的EF 70-200mm F2.8L IS Ⅲ USM相比，具有更好的画质表现。同时，镜头长度大幅缩短，重量仅约1070克（不含三脚架接环），减轻约28%之多，是佳能70-200mm F2.8系列全画幅镜头中最短、最轻的一款。

该镜头具有最大相当于5级快门速度的防抖效果，加上F2.8的大光圈、小型轻量镜身，让手持拍摄更加安心，并且提供了3种不同的IS模式。其中 "模式1"适合拍摄人像等静止被摄体；"模式2"可用于追随拍摄，适合拍摄赛车、列车等；"模式3"适合拍摄足球、篮球等无规律运动的被摄体。

此镜头使用了1片玻璃模铸非球面镜片、1片超级UD（超低色散）镜片和3片UD镜片。不仅如此，它还采用了1片UD非球面镜片，并对多种像差进行有效补偿，实现了画面中心到边缘的高画质。此外，采用了防反射效果比较好的SWC亚波长结构镀膜，提高了镜片的透射率，可以有效减少炫光与鬼影。

镜片结构	13组17片
光圈叶片数	9
最大光圈	F2.8
最小光圈	F32
最近对焦距离（cm）	70
最大放大倍率	0.23
滤镜尺寸（mm）	77
规格（mm）	89.9×146
质量（g）	1070

4种不同价位配镜套餐推荐

佳能推出了数十款价格、性能不同的微单镜头，对摄影初学者来说，的确较难从中选出适合自己且性价比较高的镜头组合，为此笔者特意制作了下方的镜头推荐表格供大家参考。

入门套餐	超广角	RF16mm F2.8 STM
	标准镜头	RF50mm F1.8 STM
	长焦镜头	RF100-400mm F5.6-8 IS USM
标准套餐	超广角	RF16mm F2.8 STM
	微距头	RF100mm F2.8L MACRO IS USM
	中长焦镜头	RF24-240mm F4-6.3 IS USM
专业套餐	超广角	RF14-35mm F4 L IS USM
	标准镜头	RF28-70mm F2 L USM
	长焦镜头	RF100-500mm F4.5-7.1 L IS USM
奢侈套餐	超广角	RF15-35mm F2.8 L IS USM
	标准镜头	RF24-70mm F2.8 L IS USM
	长焦镜头	RF70-200mm F2.8 L IS USM
	微距镜头	RF100mm F2.8 L MACRO IS USM
	超长焦镜头	RF600mm F4 L IS USM
	人像定焦	RF85mm F1.2 L USM

第5章

滤镜及脚架等附件的使用技巧

滤镜的"方圆"之争

　　摄影初学者在网上商城选购滤镜时，看到滤镜有方形和圆形两种，便不知道该如何选择。通过本节内容，在了解方形滤镜与圆形滤镜的区别后，摄影爱好者便可以根据自身需求做出选择了。

○ 圆形与方形的中灰渐变镜

滤镜	圆形		方形
UV镜 保护镜 偏振镜	这3种滤镜都是圆形的，不存在方形与圆形的选择问题		—
中灰镜	优点	可以直接安装在镜头上，方便携带及安装遮光罩	不用担心镜头口径问题，在任何镜头上都可以用
	缺点	需要匹配镜头口径，并不能通用于任何镜头	需要安装在滤镜支架上使用，因此不能在镜头上安装遮光罩了；携带不太方便
渐变镜	优点	可以直接安装在镜头上，使用起来比较方便	可以根据构图的需要调整渐变的位置
	缺点	渐变位置是不可调节的，只能拍摄天空约占画面50%的照片	需要买一个支架装在镜头前面才可以把滤镜装上

选择滤镜要对口

　　有些摄影爱好者拍摄风光的机会比较少，在器材投资方面，并没有选购一套滤镜的打算，因此，如果偶然有几天要外出旅游拍一些风光照片，会借用朋友的滤镜，或者在网上租一套滤镜。此时，需要格外注意镜头口径的问题。因为有的滤镜并不能通用于任何镜头，不同的镜头拥有不同的口径。相应的，滤镜也分为各种尺寸。一定要注意了解自己所使用的镜头口径，避免将滤镜拿回去以后或过大或过小，而安装不到镜头上去。

　　例如，RF70-200mm F2.8 L IS USM 镜头的口径为 77mm，RF600mm F4 L IS USM 镜头的口径为 52mm，而 RF24-70mm F2.8 L IS USM 镜头的口径则为 82mm。

　　在选择方形渐变镜时，也需要注意镜头口径的大小。如果当前镜头安装滤镜的尺寸是 82mm，那么可选择方形的镜片，以方便进行调节。

UV 镜

　　UV 镜也叫"紫外线滤镜"，是滤镜的一种，主要是针对胶片相机设计的，用于防止紫外线对曝光的影响，提高成像质量和影像的清晰度。现在的数码相机已经不存在这种问题了，但由于其价格低廉，已成为摄影师用来保护数码相机镜头的工具。因此，强烈建议摄友在购买镜头的同时也购买一款 UV 镜，以更好地保护镜头不受灰尘、手印及油渍的侵扰。

　　除了购买佳能原厂的 UV 镜，肯高、NISI 及 B+W 等厂商生产的 UV 镜也不错，性价比很高。

○ B+W 77mm XS-PRO MRC UV 镜

保护镜

　　如前所述，在数码摄影时代，UV 镜的作用主要是保护镜头。开发这种 UV 镜可以兼顾数码相机与胶片相机，但考虑到胶片相机逐步退出了主流民用摄影市场，各大滤镜厂商在开发 UV 镜时已经不再考虑胶片相机。因此，这种 UV 镜演变成了专门用于保护镜头的一种滤镜——保护镜。这种滤镜的功能只有一个，就是保护昂贵的镜头。

　　与 UV 镜一样，口径越大的保护镜价格越高，通光性越好的保护镜价格也越高。

○ 肯高保护镜

○ 保护镜不会影响画面的画质，透过它拍摄出来的风景照片层次很细腻，颜色很鲜艳

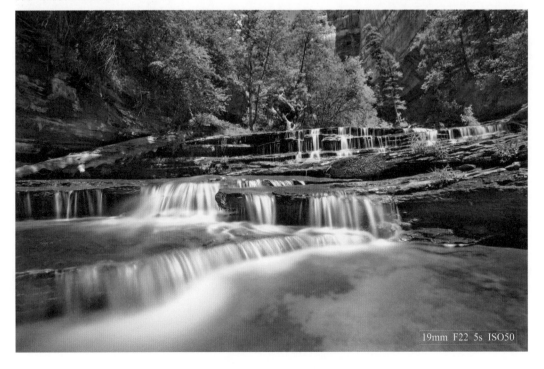

19mm F22 5s ISO50

偏振镜

如果希望拍摄到具有浓郁色彩的画面、清澈见底的水面，或者想透过玻璃拍好物品等，一个好的偏振镜是必不可少的。

○ 肯高 67mm C-PL（W）偏振镜

偏振镜也叫偏光镜或 PL 镜，可分为线偏和圆偏两种，主要用于消除或减少物体表面的反光。数码相机应选择有"CPL"标志的圆偏振镜，因为在数码微单相机上使用线偏振镜容易影响测光和对焦。

在使用偏振镜时，可以旋转其调节环以选择不同的强度，在取景器中可以看到一些色彩上的变化。同时需要注意的是，偏振镜会阻碍光线的进入，大约相当于减少两挡光圈的进光量，故在使用偏振镜时，需要降低约两挡快门速度，这样才能拍出与未使用偏振镜时相同曝光量的照片。

用偏振镜提高色彩饱和度

如果拍摄环境的光线比较杂乱，会对景物的颜色还原产生很大的影响。环境光和天空光在物体上形成的反光，会使景物的颜色看起来并不鲜艳。使用偏振镜进行拍摄，可以消除杂光中的偏振光，减少杂散光对物体颜色还原的影响，从而提高物体色彩的饱和度，使景物的颜色显得更加鲜艳。

○ 在镜头前加装偏振镜进行拍摄，可以改变画面的灰暗色彩，增强色彩的饱和度

用偏振镜压暗蓝天

晴朗天空中的散射光是偏振光,利用偏振镜可以减少偏振光，使蓝天变得更蓝、更暗。加装偏振镜后拍摄的蓝天，比只使用蓝色渐变镜拍摄的蓝天要更加真实。因为使用偏振镜拍摄，既能压暗天空，又不会影响其余景物的色彩还原。

用偏振镜抑制非金属表面的反光

使用偏振镜拍摄的另一个好处就是可以抑制被摄体表面的反光。在拍摄水面、玻璃表面时，经常会遇到反光的情况，使用偏振镜则可以削弱水面、玻璃及其他非金属物体表面的反光。

○ 随着转动偏振镜，水中显示的倒映物慢慢消失不见

中灰镜

认识中灰镜

中灰镜又称 ND（Neutral Density）镜，是一种不带任何色彩成分的灰色滤镜。当将其安装在镜头前面时，可以减少镜头的进光量，从而降低快门速度。

○ 安装了多片中灰镜的相机

中灰镜分为不同的级数，如 ND6（也称为 ND0.6）、ND8（0.9）、ND16（1.2）、ND32（1.5）、ND64（1.8）、ND128（2.1）、ND256（2.4）、ND512（2.7）、ND1000（3.0）。

不同级数对应不同的阻光挡位。例如，ND6（0.6）可降低 2 挡曝光，ND8（0.9）可降低 3 挡曝光。其他级数对应的曝光降低挡位分别为 ND16（1.2）4 挡、ND32（1.5）5 挡、ND64（1.8）6 挡、ND128（2.1）7 挡、ND256（2.4）8 挡、ND512（2.7）9 挡、ND1000（3.0）10 挡。

常见的中灰镜是 ND8（0.9）、ND64（1.8）、ND1000（3.0），分别对应降低 3 挡、6 挡、10 挡曝光。

16mm　F14　5s　ISO200

○ 通过使用中灰镜降低快门速度，拍摄出水流连成丝线状的效果

下面用一个小实例来说明中灰镜的具体作用。

我们都知道，使用较低的快门速度可以拍出如丝般的溪流、飞逝的流云效果。但在实际拍摄时，经常遇到的一个难题就是，由于天气晴朗、光线充足等原因，导致即使用了最小的光圈、最低的感光度，也仍然无法达到较低的快门速度，更不要说使用更低的快门速度拍出水流如丝般的梦幻效果。

此时就可以使用中灰镜来减少进光量。例如，在晴朗的天气条件下使用 F16 的光圈拍摄瀑布，得到的快门速度为 1/16s，但使用这样的快门速度拍摄无法使水流产生很好的虚化效果。此时，可以安装 ND4 型号的中灰镜，或者安装两块 ND2 型号的中灰镜，使镜头的进光量减少，从而降低快门速度至 1/4s，即可得到预期的效果。在购买 ND 镜时要关注 3 个要点，第一是形状，第二是尺寸，第三是材质。

中灰镜的形状

中灰镜有方形与圆形两种。

圆镜属于便携类型,而方镜则更专业。因为方镜在偏色、锐度及成像的处理上远比圆镜要好。使用方镜可以避免在同时使用多块滤镜的时候出现暗角,圆镜在叠加使用多块滤镜的时候容易出现暗角。

此外,一套方镜可以通用于口径在82mm以下的所有镜头,而不同口径的镜头需要不同的圆镜。虽然使用方镜时还需要购买支架,单块的方镜价格也比较高,但如果需要的镜头比较多,算起来还是方镜更经济实惠。

◎ 圆形中灰镜　　　　　　　　　　　　　　　　　　◎ 方形中灰镜

中灰镜的尺寸

方形中灰镜的尺寸通常为100mm×100mm,但如果镜头的口径大于82mm,对应的中灰镜的尺寸也要大一些,应该使用150mm×150mm甚至尺寸更大的中灰镜。另外,不同尺寸的中灰镜对应的支架型号也不一样,在购买时也要特别注意。

	70mm方镜系统	100mm方镜系统	150mm方镜系统
方镜系统			
使用镜头	镜头口径≤58mm	镜头口径≤82mm	镜头口径≤82mm/超广角
支架型号	HS-M1方镜支架系统	HS-V3方镜支架系统 HS-V2方镜支架系统	

中灰镜的材质

现在能够买到的中灰镜有玻璃与树脂两种材质。

玻璃材质的中灰镜在使用寿命上远远高于树脂材质的中灰镜。树脂其实就是一种塑料，通过化学浸泡置换出不同减光效果的挡位。这种材质长时间在户外风吹日晒的环境下，很快就会偏色，如果照片出现严重的偏色，后期也很难校正回来。

玻璃材质的中灰镜使用的是镀膜技术，质量过关的玻璃材质的中灰镜使用几年也不会变色。当然，玻璃材质的中灰镜价格也比树脂型中灰镜高。

产品名称	双面光学纳镀膜	树脂渐变方片	玻璃夹膜胶合	ND玻璃胶合	单面光学镀膜 GND
渐变工艺	双面精密抛光 双面光学镀膜	染色	两片透明玻璃 胶合染色树脂 片双面抛光	胶合后抛光	抛光后单面镀膜
材质	H-K9L光学玻璃	CR39树脂	玻璃+CR39树脂	中灰玻璃+ 透明玻璃	单片式透明 玻璃B270
偏色	可忽略	需实测	需实测	可忽略	可忽略
清晰	是	否	—	—	—
双面减反膜	有	无	无	无	无
双面防水膜	有	无	无	无	无
防静电吸尘	强	弱	中等	中等	中等
抗刮伤	强	弱	中等	中等	中等
抗有机溶剂	强	弱	强	强	强
老化和褪色	无	有	可能有	无	无
耐高温	强	弱	中等	中等	强
LOGO掉漆	NO/激光蚀刻	YES/丝印	YES/丝印	YES/丝印	YES/丝印
抗摔性	一般	强	一般	一般	一般

中灰镜的基本使用步骤

在添加中灰镜后，根据减光级数不同，画面亮度会出现一定的变化。此时再进行对焦及曝光参数的调整则会出现诸多问题，所以只有按照一定的步骤进行操作，才能让拍摄顺利进行。

中灰镜的基本使用步骤如下。

1.使用自动对焦模式进行对焦，在准确合焦后，将对焦模式设为手动对焦。

2.建议使用光圈优先曝光模式，将ISO设置为100，通过调整光圈来控制景深，并拍摄亮度正常的画面。

3.将此时的曝光参数（光圈、快门和感光度）记录下来。

4.将曝光模式设置为M挡，并输入已经记录的在不加中灰镜时可以得到正常画面亮度的曝光参数。

5.安装中灰镜。

6.计算安装中灰镜后的快门速度并进行设置。快门速度设置完毕后，即可按下快门进行拍摄。

计算安装中灰镜后的快门速度

在安装中灰镜时，需要对安装它之后的快门速度进行计算，下面介绍计算方法。

1.自行计算安装中灰镜后的快门速度。

不同型号的中灰镜可以降低不同挡数的光线。如果降低 N 挡光线，那么曝光量就会减少为 $1/2^N$。所以，为了让照片在安装中灰镜之后与安装中灰镜之前能获得相同的曝光，在安装中灰镜之后，其快门速度应延长为未安装时的 2^N。

例如，在安装减光镜之前，使画面亮度正常的曝光时间为 1/125s，那么在安装 ND64（减光6挡）之后，其他曝光参数不变，将快门速度延长为 $1/125 \times 2^6 \approx 1/2s$ 即可。

2.通过后期处理 App 计算安装中灰镜后的快门速度。

无论是在苹果手机的 App Store 中，还是在安卓手机的各大应用市场中，均能搜到多款计算安装中灰镜后所用快门速度的 App，此处以 Long Exposure Calculator 为例介绍计算方法。

① 打开 Long Exposure Calculator App。

② 在第一栏中选择所用的中灰镜。

③ 在第二栏中选择未安装中灰镜时，让画面亮度正常所用的快门速度。

④ 在最后一栏中则会显示不改变光圈和快门速度的情况下，加装中灰镜后，能让画面亮度正常的快门速度。

○ Long Exposure Calculator App

○ 快门速度计算界面

中灰渐变镜

认识渐变镜

在慢门摄影中，当在日出、日落等明暗反差较大的环境下，拍摄慢速水流时，如果不安装中灰渐变镜，直接对地面景物进行长时间曝光，按地面景物的亮度进行测光并进行曝光，天空就会失去所有细节。

要解决这个问题，最好的选择就是用中灰渐变镜来平衡天空与地面的亮度。

渐变镜又被人们称为GND（Gradient Neutral Density）镜，是一种一半透光、一半阻光的滤镜，在色彩上也有很多选择，如蓝色和茶色等。在所有的渐变镜中，最常用的是中性灰色的渐变镜。

拍摄时，将中灰渐变镜上较暗的一侧安排在画面中天空的部分。由于深色端有较强的阻光效果，因此可以减少进入相机的光线，从而保证在相同的曝光时间内，画面上较亮的区域进光量少，与较暗的区域在总体曝光量上趋于相同，使天空层次更丰富，而地面的景观也不至于黑成一团。

17mm　F16　1.3s　ISO100

O 1.3s 的长时间曝光使海岸礁石拥有丰富的细节，中灰渐变镜则保证天空不会过曝，并且得到了海面雾化的效果

中灰渐变镜的形状

中灰渐变镜有圆形与方形两种。圆形中灰渐变镜是直接安装在镜头上的，使用起来比较方便。但由于渐变是不可调节的，因此只能拍摄天空约占画面50%的照片。与使用方形中灰镜一样，在使用方形中灰渐变镜时，也需要买一个支架装在镜头前面，只有这样才可以把滤镜装上。其优点是可以根据构图的需要调整渐变的位置，而且可以根据需要叠加使用多个中灰渐变镜。

○ 不同形状的中灰渐变镜

○ 安装多片渐变镜的效果

中灰渐变镜的挡位

中灰渐变镜分为GND0.3、GND0.6、GND0.9、GND1.2等不同的挡位，分别代表深色端和透明端的挡位相差1挡、2挡、3挡及4挡。

○ 方形中灰渐变镜安装方式

○ 在托架上安装方形中灰渐变镜后的相机

硬渐变与软渐变

根据中灰渐变镜的渐变类型，可以分为软渐变（GND）与硬渐变（H-GND）两种。

软渐变镜40%为全透明，中间35%为渐变过渡，顶部的25%区域颜色最深，当拍摄的场景中天空与地面过渡部分不规则，如有山脉或建筑、树木时使用。

硬渐变的镜片，一半透明，一半为中灰色，两者之间有少许过渡区域，常用于拍摄海平面、地平面与天空分界线等非常明显的场景。

○ 软渐变镜

如何选择中灰渐变镜挡位

在使用中灰渐变镜拍摄时，先分别对画面亮处（即需要使用中灰渐变镜深色端覆盖的区域）和要保留细节处测光（即中灰渐变镜透明端覆盖的区域），计算出这两个区域的曝光相差等级，如果两者相差1挡，那么就选择0.3的镜片；如果两者相差2挡，那么就选择0.6的镜片，以此类推。

○ 硬渐变镜

反向渐变镜

虽然标准的中灰渐变镜非常好用，但并不代表适用于所有的情况。

例如，在拍摄太阳角度较低的日出、日落时，画面中前景会很暗，但靠近太阳的地平线处却非常亮。标准渐变镜只能压暗天空或前景的亮度，不适用于这样的场景。而反向渐变镜与标准的中灰渐变镜不同，反向渐变镜是一种特殊的硬边灰渐变镜，其颜色最深的部分在镜片的中央，越向上颜色越淡。

所以，在镜头前安装反向渐变镜进行拍摄，可得到从中间位置开始向画面上方减光效果逐步减弱的效果。完成拍摄后，太阳所处位置由于减光幅度最大，因此有较好的细节，同时画面的上方也能够表现出理想的细节。

O 太阳是整个环境中最亮的部分，为了不损失过多的细节，在镜头前安装了反向渐变镜，压暗位于画面中间位置的太阳部分，得到整体细节都较丰富的画面

O 反向渐变镜

如何搭配选购中灰渐变镜

如果购买一片，建议选 GND 0.6 或 GND0.9。

如果购买两片，建议选 GND0.6 与 GND0.9 两片组合，可以通过组合使用覆盖 2~5 挡曝光。

如果购买三片，可选择软 GND0.6+软 GND0.9+硬 GND0.9。

如果购买四片，建议选择 GND0.6+软 GND0.9+硬 GND0.9+GND0.9 反向渐变，硬边渐变镜用于拍摄海边的场景，反向渐变镜用于拍摄日出、日落。

用三脚架与独脚架保持拍摄的稳定性

脚架类型及各自的特点

在拍摄微距、长时间曝光题材或使用长焦镜头拍摄动物时，脚架是必备的摄影配件之一，使用它可以让相机变得更稳定，即使在长时间曝光的情况下，也能够拍摄到清晰的照片。

对比项目		说　明
铝合金	碳素纤维	铝合金脚架较便宜，但较重，不便携带 碳素纤维脚架的档次要比铝合金脚架高，便携性、抗震性、稳定性都很好，但是价格很高
三脚	独脚	三脚架稳定性好，在配合快门线、遥控器的情况下，可实现完全脱机拍摄 独脚架的稳定性要弱于三脚架，在使用时需要摄影师来控制独脚架的稳定性。但由于其体积和重量只有三脚架的1/3，因此携带十分方便
三节	四节	三节脚管的三脚架稳定性高，但略显笨重，携带稍微不便 四节脚管的三脚架能收纳得更短，因此携带更为方便。但是在脚管全部打开时，由于尾端的脚管比较细，稳定性不如三节脚管的三脚架好
三维云台	球形云台	三维云台的承重能力强、构图十分精准，缺点是占用的空间较大，在携带时稍显不便 球形云台体积较小，只要旋转按钮，就可以让相机迅速转到所需要的角度，操作起来十分便利

分散脚架的承重

在海滩、沙漠、雪地拍摄时，由于沙子或雪比较柔软，三脚架的支架会不断地陷入其中，即使是质量很好的三脚架，也很难保证拍摄的稳定性。

尽管陷进足够深的地方能有一定的稳定性，但是沙子、雪会覆盖整个支架，容易造成脚架的关节处损坏。

在这样的情况下，就需要一些物体来分散三脚架的重量，一些厂家生产了"雪靴"，安装在三脚架上可以防止脚架陷入雪或沙子中。如果没有雪靴，也可以自制三脚架的"靴子"，比如平坦的石块、旧碗碟或屋顶的砖瓦都可以。

○ 扁平状的"雪靴"可以防止脚架陷入沙地或雪地

用快门线控制拍摄

在拍摄长时间曝光的题材时，如夜景、慢速流水、车流，如果希望获得极为清晰的照片，只有三脚架支撑相机是不够的。因为直接用手去按快门按钮拍摄，还是会造成画面模糊。这时，快门线便派上用场了。使用快门线就是为了尽量避免直接按下机身快门按钮时可能产生的震动，以保证拍摄时相机保持稳定，从而获得更清晰的画面。

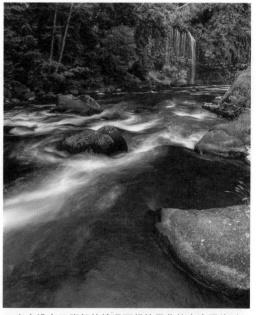

▲ RS-80N3 快门线

将快门线与相机连接后，可以半按快门线上的快门按钮进行对焦，完全按下快门进行拍摄。但由于不用触碰机身，因此在拍摄时可以避免相机的抖动。Canon EOS R5 使用的是型号为 RS-80N3/TC-80N3 的快门线，Canon EOS R6 使用的是型号为 RS-60E3 的快门线。

使用定时自拍避免相机震动

佳能相机提供了 2 秒和 10 秒自拍驱动模式，在这两种模式下，当摄影师按下快门按钮后，自拍定时指示灯会闪烁并且发出提示声音，然后相机分别于 2 秒或 10 秒后自动拍摄。

由于在 2 秒自拍模式下，快门会在按下快门 2 秒后，才开始释放并曝光，因此可以将手部动作造成的震动降至最低，从而得到画面清晰的照片。

自拍模式适用于自拍或合影，摄影师可以预先取好景，并设定好对焦，然后按下快门按钮，在 10 秒内跑到自拍处或合影处，摆好姿势等待拍摄便可。

定时自拍还可以在没有三脚架或快门线的情况下，拍摄长时间曝光的题材，如星空、夜景、雾化的水流、车流等题材。

○ 当在没有三脚架的情况下想拍雾化的水流照片时，可以将相机的驱动模式设置为 2 秒自拍模式。然后将相机放置在稳定的地方进行拍摄，也可以获得清晰的画面

遥控器的作用及使用方法

在自拍或拍集体照时，如果不想在自拍模式下跑来跑去，便可以使用遥控器拍摄。

使用遥控器可以在距离相机最远约 5m 的地方进行遥控拍摄，也可进行延时拍摄。遥控拍摄的流程如下。

1. 将电源开关置于 ON 位置。

2. 半按快门对被摄对象进行预先对焦。

3. 将镜头的对焦模式开关置于 MF 位置，采用手动对焦；也可以将对焦模式开关调到 AF 位置，采用自动对焦。

4. 选择自拍模式，选择"10秒自拍/遥控"或"2秒自拍/遥控"。

5. 将遥控器朝向相机的遥控感应器并按下传输按钮，自拍指示灯点亮并拍摄照片。

需要注意的是有的遥控器如 RC-6 可以直接遥控使用，而有的遥控器如 BR-E1 需要与相机进行蓝牙配对。

❶ 在**无线功能菜单1**中选择**Wi-Fi/蓝牙连接**选项

❷ 选择**连接至无线遥控器**选项

❸ 选择**添加要连接的设备**选项

○ 用遥控器拍摄，可以很方便地和朋友合影

35mm F4 1/1000s ISO640

第6章

拍视频要理解的术语及必备附件

理解视频分辨率、制式、帧频、码率的含义

理解视频分辨率并进行合理设置

视频分辨率指每一个画面中所显示的像素数量，通常以水平像素数量与垂直像素数量的乘积或垂直像素数量表示。视频分辨率越高，画面就越精细，画质就越好。

佳能的每一代旗舰机型在视频功能上均有所增强，以佳能R5为例，其在视频方面的一大亮点就是支持8K视频录制。在8K视频录制模式下，用户可以录制最高帧频为30P、文件无压缩的超高清视频。

❶ 在**短片记录画质**菜单中选择**短片记录尺寸**选项

需要额外注意的是，若要享受高分辨率带来的精细画质，除了需要设置相机录制高分辨率的视频，还需要观看视频的设备具有该分辨率画面的播放能力。

比如，使用佳能R5录制了一段4K（分辨率为4096×2160）视频，但观看这段视频的电视、平板或手机只支持全高清（分辨率为1920×1080）播放，那么呈现出来视频的画质就只能达到全高清，而到不了4K的水平。

❷ 点击带 **4K** 图标的选项，然后点击 **SET OK** 图标确定

因此，建议各位在拍摄视频之前先确定输出端的分辨率上限，然后再确定相机视频的分辨率设置，从而避免因为过大的文件对存储和后期等操作造成不必要的负担。

设定视频制式

不同国家、地区的电视台播放视频的帧频是有统一规定的，称为电视制式。全球有两种电视制式，分别为北美、日本、韩国、墨西哥等国家使用的NTSC制式和中国、欧洲各国、俄罗斯、澳大利亚等国家使用的PAL制式。

❶ 在**设置菜单2**中选择**视频制式**选项

选择不同的视频制式后，可选择的帧频会有所变化。比如在佳能5D4中，选择NTSC制式后，可选择的帧频为119.9P、59.94P和29.97P；选择PAL制式后，可选择的帧频为100P、50P、25P。

需要注意的是，只有在所拍视频需要在电视台播放时，才会对视频制式有严格要求。如果只是自己拍摄上传到视频平台，选择任意视频制式均可正常播放。

❷ 选择所需的选项

理解帧频并进行合理的设置

无论选择哪种视频制式，均有多种帧频供选择。帧频是指一段视频里每秒展示出来的画面数（fps），在佳能相机中以单位 P 表示。例如，一般电影以每秒 24 张画面的速度播放，也就是一秒钟内在屏幕上连续显示出 24 张静止画面，其帧频为 24P。

很显然，每秒显示的画面数多，视觉动态效果就流畅；反之，如果画面数少，观看时就有卡顿的感觉。因此，在录制景物高速运动的视频时，建议设置较高的帧频，从而尽量让每一个动作都更清晰、流畅；而在录制访谈、会议等视频时，则使用较低的帧频录制即可。

当然，如果录制条件允许，建议以高帧频录制，这样可以在后期处理时拥有更多处理的可能性，比如得到慢镜头效果。比如，在 4K 分辨率下，EOS R5 依然支持 120fps 视频拍摄，可以同时实现高画质与高帧频。

❶ 在**短片记录画质**菜单中选择**高帧频**选项

❷ 选择**启用**选项，然后点击 [SET][OK] 图标确定

理解码率的含义

码率又称比特率，指每秒传送的比特（bit）数，单位为 bps（Bit Per Second）。码率越高，每秒传送的数据就越多，画质就越清晰，但相应地，对存储卡的写入速度要求也更高。

在佳能相机中，虽然无法直接设置码率，但却可以对压缩方式进行选择。RAW、ALL-I、IPB和IPB这4种压缩方式的压缩率逐渐提高，而压制出的视频码率则依次降低。

根据不同的机型，其码率也有差异。以佳能EOS R5相机为例，如果选择的是RAW，可以得到最高2600Mbps的无压缩码率，而如果选择ALL-I压缩模式，则可以得到最高码率为1300Mbps的视频。

值得一提的是，如果要录制码率超过400Mbps的视频，需要使用UHS-II存储卡，也就是写入速度最少应该达到100MB/s，否则无法正常拍摄。因此，如果相机以拍摄视频为主，那么在选购存储卡时尽量购买顶级或次顶级存储卡。

○ 在**短片记录尺寸**菜单中可以选择不同的压缩方式，以此控制码率

○ 使用写入速度过低的存储卡会停止录制视频

理解色深并明白其意义

色深作为一个色彩的专有名词，在拍摄照片、录制视频，以及买显示器的时候都会接触到，比如8bit、10bit、12bit等。这个参数其实表示记录或显示的照片或视频的颜色数量。如何理解这个参数？理解这个参数又有何意义？下文将进行详细讲解。

理解色深的含义

1.理解色深要先理解RGB

在理解色深之前，先要理解RGB。RGB即三原色，分别为红（R）、绿（G）、蓝（B）。我们现在从显示器或电视上看到的任何一种色彩，都是通过红、绿、蓝这3种色彩进行混合得到的。

但在混合过程中，当红、绿、蓝这3种色彩的深浅不同时，得到的色彩肯定也是不同的。

比如，面前有一个调色盘，里面先放上绿色的颜料，当分别混合深一点的红色和浅一点的红色时，得到的色彩肯定是不同的。那么，当手中有10种不同深浅的红色和一种绿色时，就能调配出10种色彩。所以颜色的深浅就与呈现的色彩数量产生了关系。

2.理解灰阶

上文所说的色彩的深浅，用专业的说法，其实就是灰阶。不同的灰阶是以亮度作为区分的，比如右图所示的就是16个灰阶。

而当颜色也具有不同的亮度时，也就是具有不同灰阶的时候，表现出来的其实就是深浅不同的色彩，如右下图所示。

3.理解色深

色深的单位是bit，1bit代表具有两个灰阶，也就是一种颜色具有两种不同的深浅；2bit代表具有4个灰阶，也就是一种颜色具有4种不同的深浅色；3bit代表8种……

所以N bit就代表一种颜色包含2^N种不同深浅的颜色。

那么所谓的色深为8bit，就可以理解为有2^8，也就是256种深浅不同的红色、256种深浅不同的绿色和256种深浅不同的蓝色。

这些颜色能混合出256×256×256=16777216种色彩。

❶ 在**拍摄菜单3**中选择**Canon Log 设置**选项

❷ 选择**Canon Log**选项，然后选择**开**选项，最后点击 SET OK 图标确定。Canon EOS R5 在开启 Canon Log 功能的情况下，可以录制 10bit 的视频

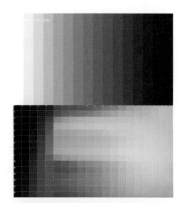

○ 灰阶及不同颜色的灰度图

	R	G	B	色彩数量
8bit	256	256	256	1678 万
10bit	1024	1024	1024	10.7 亿
12bit	4096	4096	4096	687 亿

理解色深的意义

1.在后期处理中设置高色深值

即便视频或图片最后需要保存为低色深文件，但既然高色深代表着数量更多、更细腻的色彩，那么在进行后期处理时，为了对画面色彩进行更精细的调整，建议将色深设置为较高的值，然后在最终保存时再降低色深。

这种操作方法的优势有两点，一是可以最大化利用佳能相机录制丰富的色彩细节；二是在后期对色彩进行处理时，可以得到更细腻的色彩过渡。

建议各位在后期处理时将色彩空间设置为ProPhoto RGB，将色彩深度设置为16位/通道。然后在导出时保存为色深8位/通道的图片或视频，以尽可能得到更高画质的图像或视频。

○ 在后期处理软件中设置较高的色深（色彩深度）和色彩空间

2.有目的地搭建视频录制与显示平台

介绍色深的相关知识主要是让大家知道从图像采集到解码，再到显示，只有均达到同一色深标准才能够真正体会到高色深带来的细腻色彩。

目前，大部分佳能相机都支持 8bit 色深采集。但个别机型，比如 EOS R5，已经支持机内录制10bit 色深视频；而 EOS R 则在搭配录机的情况下，可以达到 10bit 色深录制。

以使用 EOS R 为例，在购买录机实现 10bit 色深录制后，为了能够完成更高色深视频的后期处理及显示，就需要提高用来解码的显卡性能，并搭配色深达到 10bit 的显示器，来显示出所有 EOS R 记录下的色彩。

当从录制到处理再到输出的整个环节均符合 10bit 色深标准后，人们才能真正享受到色深提升的好处。

○ 想体会到高色深的优势，就要搭建符合高色深要求的录制、处理和显示平台

理解色度采样

相信各位一定在视频录制参数中看到过"采样422""采样420"等描述,那么这里的"采样422"和"采样420"到底是什么意思呢?

1.认识YUV格式

事实上,无论是 420 还是 422 均为色度采样的简写,其正常写法应该是 YUV4 : 2 : 0 和 YUV4 : 2 : 2。YUV 格式,也被称为 YCbCr,是为了替代 RGB 格式而存在的,其目的在于兼容黑白电视和彩色电视。因为 Y 表示亮度, U 和 V 表示色差。这样当黑白电视使用该信号时,则只读取 Y 数值,也就是亮度数值;而当彩色电视接收到 YUV 信号时,则可以将其转换为 RGB 信号,再显示颜色。

2.理解色度采样数值

接下来介绍 YUV 格式中 3 个数字的含义。

通俗地讲,第一个数字 4,即代表亮度采样的像素数量;第二个数字代表了第一行进行色度采样的像素数量;第三个数字代表了第二行进行色度采样的像素数量。

这样算下来,在同一个画面中,422 的采样就比 444 的采样少了 50% 的色度信息,而 420 与 422 相比,又少了 50% 的色度信息。那么,有些摄友可能会问:"为何不能让所有视频均录制 4 : 4 : 4 色度采样呢?"

主要是因为人们经过研究发现,人眼对明暗比对色彩更敏感,所以在保证色彩正常显示的前提下,不需要每一个像素均进行色度采样,从而降低信息存储的压力。

因此在通常情况下,用 420 拍摄也能获得不错的画面,但是在二级调色和抠像的时候,因为许多像素没有自己的色度值,所以后期处理的空间也就相对较小了。

通过降低色度采样来减少存储压力,或者降低发送视频信号带宽,对于降低视频输出的成本是有利的,但较少的色彩信息对于视频后期处理来说是不利的。因此在选择视频录制设备时,应尽量选择色度采样数值较高的设备。比如,佳能 R5 的色度采样为 YUV4 : 2 : 2,而 EOS R 则为 YUV4 : 2 : 0,但 EOS R 可以通过监视器将色度采样提升为 YUV4 : 2 : 2。

○ YUV4 : 4 : 4色度采样示例图

○ YUV4 : 2 : 2色度采样示例图

○ 左图为 YUV4 : 2 : 2色度采样,右图为 YUV4 : 2 : 0色度采样。在色彩显示上,能看出些许差异

通过Canon Log保留更多画面细节

当在明暗反差比较大的环境中录制视频时，很难同时保证画面中最亮的和最暗的区域都有细节。这时就可以使用Canon Log模式进行录制，从而获取更广的动态范围，最大限度地保留这些细节。

认识 Canon Log

Canon Log通常被简写为Clog，是一种对数伽马曲线。这种曲线可发挥图像感应器的特性，从而保留更多的高光和阴影细节。但使用Canon Log模式拍摄的视频不能直接使用，因为此时画面的色彩饱和度和对比度都很低，整体效果发灰，所以需要通过后期处理来恢复视频画面的正常色彩。

认识 LUT

LUT是Lookup Table（颜色查找表）的缩写，简单理解就是通过LUT，可以将一组RGB值输出为另一组RGB值，从而改变画面的曝光与色彩。

对于使用Canon Log模式拍摄的视频，由于其色彩不正常，所以需要通过后期处理来调整。通常的方法就是套用LUT，来实现各种不同的色调。套用LUT也被称为一级调色，主要目的是统一各个视频片段的曝光和色彩，在此基础上可以根据视频的内容及需要营造的氛围进行个性化的二级调色。

Canon Log 的查看帮助功能

虽然套用LUT可以还原画面色彩，但仅限于在视频后期处理阶段。当录制视频时，摄影师在显示屏中看到的仍然是色调偏灰的非正常色彩。

如果希望看到正常的色彩，可以在使用Canon Log模式拍摄时开启查看帮助功能。该功能可以让佳能相机显示还原色彩后的画面，但相机记录的视频依然是以Canon Log模式记录的，所以依然保留了更多的高光及阴影部分的细节。

❶ 在**拍摄菜单3**中选择**Canon Log设置**选项

❷ 选择**Canon Log**选项

❍ 左侧为套用 LUT 前的画面

❶ 在**拍摄菜单3**中选择**Canon Log设置**选项，然后选择**查看帮助**选项

❷ 选择**开**或**关**选项

视频拍摄稳定设备

手持式稳定器

在手持相机的情况下拍摄视频，往往会产生明显的抖动。这时就需要使用可以让画面更稳定的器材，比如手持稳定器。

这种稳定器的操作无须练习，只需选择相应的模式，就可以拍出比较稳定的画面，而且体积小、重量轻，非常适合业余视频爱好者使用。

在拍摄过程中，稳定器会不断自动进行调整，从而抵消掉手抖或在移动时造成的相机震动。

由于此类稳定器是电动的，所以在搭配上手机 App 后，可以实现一键拍摄全景、延时、慢门轨迹等特殊功能。

○ 手持式稳定器

小斯坦尼康

斯坦尼康（Steadicam），即摄像机稳定器，由美国人 Garrett Brown 发明，自20世纪70年代开始逐渐为业内人士普遍使用。

这种稳定器属于专业摄像的稳定设备，主要用于手持移动录制。虽然同样可以手持，但它的体积和重量都比较大，适用于专业摄像机使用，并且是以穿戴式手持设备的形式设计出来的，所以对普通摄影爱好者来说，斯坦尼康显然并不适用。

因此，为了在体积、重量和稳定效果之间找到一个平衡点，小斯坦尼康问世了。

人们在斯坦尼康的基础上，对稳定设备的体积和重量进行了压缩，从而无须穿戴，只需手持即可使用。

由于其依然具有不错的稳定效果，所以即便是专业的视频制作工作室，在拍摄一些不是很重要的素材时依旧会使用它。

○ 小斯坦尼康

但需要强调的是，无论是斯坦尼康，还是小斯坦尼康，采用的都是纯物理减震原理，所以需要一定的练习才能实现良好的减震效果。因此只建议追求专业级的摄像人员使用。

微单肩托架

微单肩托架是一个相比小巧便携的稳定器而言更专业的稳定设备。

肩托架并没有稳定器那么多的智能化功能，但它结构简单，没有任何电子元件，在各种环境下均可以使用，并且只要掌握一定的方法，在稳定性上也更胜一筹。毕竟通过肩部受力，大大降低了手抖和走动过程中造成的画面抖动。

不仅仅是微单肩托架，在利用其他稳定器拍摄时，如果掌握一些拍摄技巧，同样可以增强画面的稳定性。

〇 微单肩托架

摄像专用三脚架

与便携的摄影三脚架相比，摄像三脚架为了更好的稳定性而牺牲了便携性。

一般来讲，摄影三脚架在3个方向上各有1根脚管，也就是三脚管。而摄像三脚架在3个方向上最少各有3根脚管，也就是共有9根脚管，再加上底部的脚管连接设计，其稳定性要高于摄影三脚架。另外，脚管数量越多的摄像专用三脚架，其最大高度也更高。

对于云台，为了在摄像时能够实现在单一方向上精确、稳定地转换视角，摄像三脚架一般使用带摇杆的三维云台。

〇 摄像专用三脚架

滑轨

相比稳定器，利用滑轨移动相机录制视频可以获得更稳定、更流畅的镜头表现。利用滑轨进行移镜、推镜等运镜时，可以呈现出电影级的效果，所以是更专业的视频录制设备。

另外，如果希望在录制延时视频时呈现一定的运镜效果，准备一个电动滑轨就十分有必要。因为电动滑轨可以实现微小的、匀速的持续移动，从而在短距离的移动过程中，拍摄下多张延时素材，这样通过后期合成，就可以得到连贯的、顺畅的、带有运镜效果的延时摄影画面。

〇 滑轨

视频拍摄存储设备

如果相机本身支持4K视频录制，但却无法正常拍摄，造成这种情况的原因往往是存储卡没有达到要求。另外，本节还将介绍一种新兴的文件存储方式，使海量视频文件的存储、管理和分享更容易。

SD 存储卡

如今的中高端佳能微单相机、微单相机，大部分都支持录制4K视频。而由于在录制4K视频的过程中，每秒都需要存入大量信息，因此要求存储卡具有较高的写入速度。

通常来讲，U3速度等级的SD存储卡（存储卡上有U3标记），其写入速度基本在75MB/s以上，可以满足码率低于200Mbps的4K视频的录制。

如果要录制码率达到400Mbps 的视频，则需要购买写入速度达到100MB/s 以上的 UHS-Ⅱ存储卡。UHS（Ultra High Speed）是指超高速接口，而不同的速度级别以 UHS-Ⅰ、UHS-Ⅱ、UHS-Ⅲ标记，其中速度最快的 UHS-Ⅲ，其读写速度最低也能达到 150MB/s。

○ SD 存储卡

CF 存储卡

除了 SD 卡，佳能的部分中高端相机还支持使用 CF 卡。CF 卡的写入速度普遍比较高，但由于卡面上往往只标注读取速度，并且没有速度等级标记，所以建议各位在购买前咨询客服，确认写入速度是否高于75MB/s。如果高于 75MB/s，即可胜任 4K 视频的拍摄。

需要注意的是，在录制 4K 30P 视频时，一张 64GB 的存储卡大概能录 15 分钟。所以各位也要考虑录制时长，购买能够满足拍摄要求的存储卡。

○ CF 存储卡

NAS 网络存储服务器

由于 4K 视频文件较大，经常进行视频录制的人员，往往需要购买多块硬盘进行存储。但当寻找个别视频时费时费力，在文件管理和访问方面都不方便。而 NAS 网络存储服务器则让人们可以 24 小时随时访问大尺寸的 4K 文件，并且同时支持手机端和计算机端。在建立多个账户并设定权限的情况下，还可以让多人同时使用，并且保证个人隐私，为文件的共享和访问带来了便利。

○ NAS

一听"服务器"，各位可能觉得离自己非常遥远，其实目前市场上已经有成熟的产品。比如，西部数据或群晖都有多种型号的 NAS 网络存储服务器供选择，并且保证可以轻松上手。

视频拍摄采音设备

在室外或不够安静的室内录制视频时，单纯通过相机自带的麦克风和声音设置往往无法得到满意的采音效果，这时就需要使用外接麦克风来提高视频中的音质。

无线领夹麦克风

无线领夹麦克风也被称为"小蜜蜂"。其优点在于小巧、便携，并且可以在不面对镜头，或者在运动过程中进行收音；但缺点是当需要对多人采音时，则需要准备多个发射端，相对来说比较麻烦。另外，在录制采访视频时，也可以将"小蜜蜂"发射端拿在手里，当作"话筒"使用。

O 便携的"小蜜蜂"

枪式指向性麦克风

枪式指向性麦克风通常安装在佳能相机的热靴上进行固定。因此当录制一些面对镜头说话的视频，比如讲解类、采访类视频时，就可以着重采集话筒前方的语音，避免周围环境带来的噪声。同时，在使用枪式麦克风时，也不用在身上佩戴麦克风，可以让被摄者的仪表更自然、美观。

O 枪式指向性麦克风

记得为麦克风戴上防风罩

为避免户外录制视频时出现风噪声，建议各位为麦克风戴上防风罩。防风罩主要分为毛套防风罩和海绵防风罩，其中海绵防风罩也被称为防喷罩。

一般来说，户外拍摄建议使用毛套防风罩，其效果比海绵防风罩更好。

O 毛套防风罩

而在室内录制时，使用海绵防风罩即可，不仅能起到去除杂音的作用，还可以防止将唾液喷入麦克风，这也是海绵防风罩也被称为防喷罩的原因。

O 海绵防风罩

视频拍摄灯光设备

在室内录制视频时，如果利用自然光来照明，那么如果录制时间稍长，光线就会发生变化。比如，下午 2 点到 5 点，光线的强度和色温都在不断降低，导致画面出现由亮到暗、由色彩正常到色彩偏暖的变化，从而很难拍出画面影调、色彩一致的视频。而如果采用室内一般的灯光进行拍摄，灯光亮度又不够，打光效果也无法控制。所以，想录制出效果更好的视频，一些比较专业的室内灯光是必不可少的。

简单实用的平板 LED 灯

一般来讲，在拍摄视频时往往需要比较柔和的灯光，让画面中不会出现明显的阴影，并且呈现柔和的明暗过渡。而在不增加任何其他配件的情况下，平板LED灯本身就能通过大面积的灯珠打出比较柔和的光。

当然，也可以为平板LED灯增加色片、柔光板等配件，让光质和光源色产生变化。

○ 平板 LED 灯

更多可能的 COB 影视灯

这种灯的形状与影室闪光灯非常像，并且同样带有灯罩卡口，从而让影室闪光灯可用的配件在COB影视灯上均可使用，让灯光更可控。

常用的配件有雷达罩、柔光箱、标准罩和束光筒等，可以打出或柔和或硬朗的光线。

因此，丰富的配件和光效是更多的人选择COB影视灯的原因。有时候人们也会把COB影视灯当作主灯，把平板LED灯当作辅助灯进行组合打光。

○ COB 影视灯搭配柔光箱

短视频博主最爱的 LED 环形灯

如果不懂布光，或者不希望在布光上花费太多时间，只需在面前放一盏LED环形灯，就可以均匀地打亮面部并形成眼神光了。

当然，LED环形灯也可以和其他灯光配合使用，让面部光影更均匀。

○ 环形灯

简单实用的三点布光法

三点布光法是拍摄短视频、微电影的常用布光方法。"三点"分别为位于主体侧前方的主光，以及另一侧的辅光和侧逆位的轮廓光。

这种布光方法既可以打亮主体，将主体与背景分离，还能够营造一定的层次感、造型感。

一般情况下，主光的光质相对辅光要硬一些，从而让主体形成一定的阴影，增加影调的层次感。既可以使用标准罩或蜂巢来营造硬光，也可以通过相对较远的灯位来提高光线的方向性。也正是这个原因，在三点布光法中，主光的距离往往比辅光要远一些。辅助光作为补充光线，其强度应该比主光弱，主要用来形成较为平缓的明暗对比。

在三点布光法中，也可以不要轮廓光，而用背景光来代替，从而降低人物与背景的对比，让画面整体更明亮，影调也更自然。如果想为背景光加上不同颜色的色片，还可以通过色彩营造独特的画面氛围。

用氛围灯让视频更美观

前面讲解的灯光基本上只有将场景照亮的作用，但如果想让场景更美观，那么还需要购置氛围灯，从而为视频画面增加不同颜色的灯光效果。

例如，在右图所示的场景中，笔者的身后使用了两盏氛围灯，一盏能够自动改变颜色，一盏是恒定的暖黄色。下面展示的 3 个主播背景，同样使用了不同的氛围灯。

要布置氛围灯可以直接在电商网站上以"氛围灯"为关键词

桥水基金非常擅长

分享一下背景搭建的思路

进行搜索，找到不同类型的灯具，也可以用"智能 LED 灯带"为关键词进行搜索，购买可以按自己的设计布置成为任意形状的灯带。

视频拍摄外采、监看设备

视频拍摄外采设备也被称为监视器、记录仪和录机等，其作用主要有两点。

提升视频画质

使用监视器能拍摄更高质量的视频。例如，有些相机没有录制RAW视频的功能，但使用监视器后则可以录制。以佳能EOS R为例，在视频录制规格的官方描述中，明确指出了外部输出规格：裁剪4K UHD 30P视频，10bit色彩深度，422采样，支持Clog，而机内录制仅能达到8bit色彩深度，420采样，且不支持Clog。

提升监看效果

监视器面积更大，可以代替相机上的小屏幕，使创作者能看到更精细的画面。由于监视器的亮度普遍更高，所以即便在户外的强光下，也可以清晰地看到录制效果。

有些相机的液晶屏没有翻转功能，或者可以翻转但程度有限。使用有翻转功能的外接监视器，可以方便创作者以多个角度监看视频拍摄画面。

利用监视器还可以直接将佳能相机以Clog曲线录制的画面转换为HDR效果，让创作者直接看到最终模拟效果。

有些监视器不仅支持触屏操作，还有完善的辅助构图、曝光、焦点控制工具，可以弥补相机的功能短板。

O 外采设备

用竖拍快装板拍摄竖画幅视频

当前许多视频平台以竖画幅视频为主，要更好地拍摄竖画幅视频，在使用前文讲述的三脚架的基础上，还需要使用竖拍快装板（又称为 L 形快装板），从而使相机可以竖立旋转，此时要注意开启微单相机的"取景器垂直显示"选项，使图标以垂直形式显示。

O 安装竖拍快装板后的相机

拍摄信息显示	
屏幕信息设置	
取景器信息/ 切换设置	
取景器垂直显示	开
显示网格线	关
显示柱状图	亮度
对焦距离显示	MF模式下
重设	MENU ↰

O "取景器垂直显示"选项

O 开启"取景器垂直显示"

O 关闭"取景器垂直显示"

用外接电源进行长时间录制

在持续地长时间录制视频时，一块电池的电量很有可能不够用。而如果更换电池，则势必会导致拍摄中断。为了解决这个问题，各位可以使用外接电源进行连续录制。

由于外接电源可以使用充电宝进行供电，因此只需购买一块大容量的充电宝，就可以大大延长视频录制时间。

另外，如果在室内固定机位进行录制，还可以选择可直连插座的外接电源进行供电，从而完全避免在长时间拍摄过程中出现电量不足的问题。

○ 可直连插座的外接电源

○ 可连接移动电源的外接电源

○ 通过外接电源让充电宝给相机供电

通过提词器让语言更流畅

提词器是一个通过高亮度的显示器显示文稿内容，并将显示器显示的内容反射到相机镜头前一块呈45°角的专用镀膜玻璃上，把台词反射出来的设备。它可以让演讲者在看演讲词时，依旧保持很自然地对着镜头说话的感觉。

由于提词器需要经过镜面反射，所以除了硬件设备，还需要使用软件来将正常的文字进行方向上的变换，从而在提词器上显示出正常的文稿。

通过提词器软件，字体的大小、颜色、文字滚动速度均可以按照演讲人的需求改变。值得一提的是，如果是一个团队进行视频录制，可以派专人控制提词器，从而确保提词速度可以根据演讲人语速的变化而变化。

如果更看中便携性，也可以把手机当作显示器的简易提词器。

当使用这种提词器配合相机拍摄时，要注意支架的稳定性，必要时需要在支架前方进行配重，以免因为相机太重，而支架又比较单薄导致设备损坏。

○ 专业提词器

○ 简易提词器

利用运动相机拍摄第一视角视频

在拍摄台球、美食、手工等视频时，往往需要一些第一视角的视频画面。此时可以使用运动相机来拍摄，并在后期剪辑时，将这些视频与使用相机拍摄的视频组接起来。

运动相机的特点是体积小、便携、隐蔽、易安装、防抖性能高、防水、防震，可以将其夹在胸口、戴在头上或绑在身体的某一个位置，因此可以胜任如骑行、跑步、冲浪、自驾、游泳等多种拍摄场景。

可供大家选择的运动相机包括大疆、GoPro和Insta 360等品牌。

O 专业提词器

O GoPro

O Insta 360

O 大疆

使用相机兔笼让视频拍摄更灵活方便

兔笼有3个作用，第一是保护相机，第二是让创作者能够给相机添加各种附件，如脚架、云台、跟焦器、监视器支架、麦克风支架、闪光灯支架、转接环支架、上提手柄、侧握手柄和遮光罩等，并有效地固定这些附件，第三是让创作者更方便、稳定地手持相机进行拍摄。

可供选择的品牌包括铁头、斯莫格、优篮子等。

O 使用了兔笼的相机

O 铁头

O 优篮子

O 斯莫格

第7章
拍视频必学的镜头语言与分镜头脚本的撰写方法

推镜头的 6 大作用

强调主体

推镜头是指镜头从全景或别的大景别由远及近，向被摄对象推进拍摄，最后使景别逐渐变成近景或特写镜头，最常用于强调画面的主体。例如，下面的组图展示了一个通过推镜头强调居中正在进行讲解的女孩的效果。

突出细节

推镜头可以通过放大来突出事物细节或人物表情、动作，从而使观众得以知晓剧情的重点在哪里，以及人物对当前事件的反应。例如，在早期的很多谈话类节目中，当被摄对象谈到伤心处时，摄影师都会推上一个特写，展现满含泪花的眼睛。

许多影视作品也都非常重视对细节的刻画。例如，《琅琊榜》中梅长苏手捻衣服的细节动作，《悬崖之上》电影中烟头、镜子上的标记等，甚至可以说如果没有细节，那么有些剧情就无法向下推进。

引入角色及剧情

推镜头这种景别逐渐变小的运镜方式进入感极强，也常被用于视频的开场，在交代地点、时间、环境等信息后，正式引入主角或主要剧情。许多导演都会把开场的任务交给气势恢宏的推镜头，从大环境逐步过渡到具体的故事场景，如徐克的《龙门飞甲》。

制造悬念

当推镜头作为一组镜头的开始镜头使用时，往往可以制造悬念。例如，一个逐渐推进角色震惊表情的镜头可以引发观众的好奇心——角色到底看到了才会什么如此震惊？

改变视频的节奏

通过改变推镜头的速度可以影响和调整画面节奏，一个缓慢向前推进的镜头给人一种冷静思考的感觉，而一个快速向前推进的镜头给人一种突然间有所醒悟、有所发现的感觉。

减弱运动感

当以全景表现运动的角色时，速度感是显而易见的。但如果以推镜头到特写的景别来表现角色，则会由于没有对比而弱化运动感。

拉镜头的 6 大作用

展现主体与环境的关系

　　拉镜头是指摄影师通过拖动摄影器材或以变焦的方式，将视频画面从近景逐渐变换到中景甚至全景的操作，常用于表现主体与环境关系。例如，下面的拉镜头展现了模特与直播间的关系。

以小见大

　　例如，先特写面包店剥落的油漆、被打破的玻璃窗，然后逐渐后拉呈现一场灾难后的城市。这个镜头就可以把整个城市的破败与面包店联系起来，有以小见大的作用。

体现主体的孤立、失落感

　　拉镜头可以将主体孤立起来。比如，一个女人站在站台上，火车载着她唯一孩子逐渐离去，架在火车上的摄影机逐渐远离女人，就能很好地体现出她的失落感。

　　又或者在一间教室内，镜头从老师的特写逐渐后拉，渐渐呈现一个空荡荡的凌乱的教室，体现学生在毕业后老师的失落感。

引入新的角色

　　在将镜头后拉过程中，可以非常合理地引入新的角色、元素。例如，在一间办公室中，领导正在办公，通过后拉镜头的操作，将旁边整理文件的秘书引入画面，并与领导产生互动。如果空间够大，还可以继续后拉镜头，引入坐在旁边焦急等待的办事群众。

营造反差

　　在后拉镜头的过程中，由于引入了新的元素，因此可以借助新元素与原始信息营造反差。例如，特写一个身着凉爽服装的女孩，镜头后拉，展现的环境却是冰天雪地。

　　又如，特写一个正襟危坐、西装革履的主持人，将镜头拉远之后，却发现他穿的是短裤、拖鞋。

营造告别感

　　拉镜头从视频效果上看起来是观众在后退，从故事中抽离出去，这种退出感、终止感具有很强的告别意味，因此如果找不到合适的结束镜头，不妨试一下拉镜头。

摇镜头的 7 大作用

介绍环境

摇镜头是指机位固定，通过旋转摄影器材进行拍摄，包括水平摇拍及垂直摇拍。左右水平摇镜头适合拍摄壮阔的场景，如山脉、沙漠、海洋、草原和战场；上下垂直摇镜头适用于展示人物或建筑的雄伟，也可用于展现峭壁的险峻。

模拟审视观察

摇镜头的视觉效果类似于一个人站在原地不动，通过水平或垂直转动头部，仔细观察所处的环境。摇镜头的重点不是起幅或落幅，而是在整个摇动过程中展现的信息，因此不宜过快。

强调逻辑关联

摇镜头可以暗示两个不同元素间的逻辑关系。例如，当镜头先拍摄角色，再随着角色的目光摇镜头拍摄衣橱，则观众就能明白两者之间的联系。

转场过渡

在一个起幅画面后，利用极快的摇摄使画面中的影像全部虚化，过渡到下一个场景，可以给人一种时空穿梭的感觉。不过，这两个场景应该在时间或地理位置上相距较远，才符合逻辑。

表现动感

当拍摄运动的对象时，先拍摄其由远到近的动态，再利用摇镜头表现其经过摄影机后由近到远的动态，可以很好地表现运动物体的动态、动势、运动方向和运动轨迹。

组接主观镜头

当前一个镜头表现的是一个人环视四周，下一个镜头就应该用摇镜头表现其观看到的空间，即利用摇镜头表现角色的主观视线。

强调真实性

摇镜头有时空完整性，因此更能强调真实感。例如，当拍摄一个人进飞机后，再摇镜拍摄机身上的标志，就可以强调他乘坐的是哪个航空公司的飞机，由于过程连续，因此真实、自然。

移镜头的 4 大作用

赋予画面流动感

移镜头是指拍摄时摄影机在一个水平面上左右或上下移动（在纵深方向移动则为推/拉镜头）进行拍摄，拍摄时摄影机有可能被安装在移动轨上或安装在配滑轮的脚架上，也有可能被安装在升降机上进行滑动拍摄。由于采用移镜头方式拍摄时，机位是移动的，所以画面具有一定的流动感，这会让观众感觉仿佛置身于画面中，视频画面更具有艺术感染力。

展示环境

移镜头展示环境的作用与摇镜头十分相似，但由于移镜头打破了机位固定的限制，可以随意移动，甚至可以越过遮挡物展示空间的纵深感，因而移镜头表现的空间比摇镜头更有层次，视觉效果更为强烈。最常见的是在旅行过程中，将拍摄器材贴在车窗上拍摄快速后退的外景。

模拟主观视角

以移镜头的运动形式拍摄的视频画面，可以形成角色的主观视角，展示被摄角色以穿堂入室、翻墙过窗、移动逡巡的形式看到的景物。这样的画面能给观众很强的代入感，让人有身临其境之感。

在拍摄商品展示、美食类视频时，常用这种运镜方式模拟仔细观察、检视的过程。此时，手持拍摄设备缓慢移动进行拍摄即可。

创造更丰富的动感

在具体拍摄时，如果拍摄条件有限，摄影师可能更多地采用简单的水平或垂直移镜拍摄，但如果有更大的团队、更好的器材，在拍摄时通常会综合使用移镜、摇镜及推拉镜头，以创造更丰富的动感视角。

跟镜头的 3 种拍摄方式

跟镜头又称"跟拍"，是跟随被摄对象进行拍摄的镜头运动方式。跟镜头可连续而详尽地表现角色在行动中的动作和表情，既能突出运动中的主体，又能交代动体的运动方向、速度、体态及其与环境的关系。按摄影机的方位可以分为前跟、后跟（背跟）和侧跟 3 种方式。

前跟常用于采访，即拍摄器材在人物前方，形成"边走边说"的效果。

体育视频通常在侧面拍摄，表现运动员运动的姿态。

后跟用于追随线索人物游走于一个大场景之中，将一个超大空间里的方方面面——介绍清楚，同时保证时空的完整性。根据剧情，还可以表现角色被追赶、跟踪的效果。

升降镜头的作用

上升镜头是指相机的机位慢慢升起，从而表现被摄物体的高大。在影视剧中，也被用来设置悬念；而下降镜头的方向则与之相反。升降镜头的特点在于能够改变镜头和画面的空间，有助于增强戏剧效果。

例如，在电影《一路响叮当》中，使用了升镜头来表现高大的圣诞老人角色。

在电影《盗梦空间》中，使用升镜头表现折叠起来的城市。

需要注意的是，不要将升降镜头与摇镜头混为一谈。比如，机位不动，仅将镜头仰起，此为摇镜头，展现的是拍摄角度的变化，而不是高度的变化。

甩镜头的作用

甩镜头是指一个画面拍摄结束后,迅速旋转镜头到另一个方向的镜头运动方式。由于甩镜头时,画面的运动速度非常快,所以该部分画面内容是模糊不清的,但这正好符合人眼的视觉习惯(与快速转头时的视觉感受一致),所以会给观赏者带来较强的临场感。

值得一提的是,甩镜头既可以在同一场景中的两个不同主体间快速转换,模拟人眼的视觉效果;也可以在甩镜头后直接接入另一个场景的画面(通过后期剪辑进行拼接),从而表现同一时间,不同空间中并列发生的事情,此法在影视剧制作中经常出现。在电影《爆裂鼓手》中有一段精彩的甩镜头示范,镜头在老师与学生间不断甩动,体现了两者之间的默契与音乐的律动。

环绕镜头的作用

将移镜头与摇镜头组合起来,就可以实现一种比较炫酷的运镜方式——环绕镜头。

实现环绕镜头最简单的方法,就是将相机安装在稳定器上,然后手持稳定器,在尽量保持相机稳定的前提下绕人物走一圈儿,也可以使用环形滑轨。

通过环绕镜头可以 360° 全方位地展现主体,经常用于突出新登场的人物,或者展示景物的精致细节。

例如,一个领袖发表演说,摄影机在他们后面做半圆形移动,使领袖保持在画面的中央,这就突出了一个中心人物。在电影《复仇者联盟》中,当多个人员集结时,也使用了这样的镜头来表现集体的力量。

镜头语言之"起幅"与"落幅"

无论使用前面讲述的推、拉、摇、移等诸多种运动镜头中的哪一种，在拍摄时这个镜头通常都是由 3 部分组成的，即起幅、运动过程和落幅。

理解"起幅"与"落幅"的含义和作用

起幅是指运动镜头开始时的画面。即从固定镜头逐渐转为运动镜头的过程中，拍摄的第一个画面被称为起幅。

为了让运动镜头之间的连接没有跳动感、割裂感，往往需要在运动镜头的结尾处逐渐转为固定镜头，称为落幅。

除了可以让镜头之间的连接更加自然、连贯，起幅和落幅还可以让观赏者在运动镜头中看清画面中的场景。其中，起幅与落幅的时长一般为 1 秒左右，如果画面信息量比较大，如远景镜头，则可以适当延长时间。

在使用推、拉、摇、移等运镜手法进行拍摄时，都以落幅为重点，落幅画面的视频焦点或重心是整个段落的核心。

如右侧图中上方为起幅画面，下方为落幅画面。

起幅与落幅的拍摄要求

由于起幅和落幅是固定镜头，考虑到画面美感，在构图时要严谨。尤其是在拍摄到落幅阶段时，镜头停稳的位置、画面中主体的位置和所包含的景物均要进行精心设计。

如右侧图上方起幅画面使用 V 形构图，下方落幅画面使用水平线构图。

停稳的时间也要恰到好处。过晚进入落幅，则在与下一段起幅衔接时会出现割裂感，而过早进入落幅，又会导致镜头停滞时间过长，让画面显得僵硬、死板。

在镜头开始运动和停止运动的过程中，镜头速度的变化要尽量均匀、平稳，从而让镜头衔接更加自然、顺畅。

空镜头、主观镜头与客观镜头

空镜头的作用

空镜头又称景物镜头，根据镜头所拍摄的内容，可分为写景空镜头和写物空镜头。写景空镜头多为全景、远景，也称为风景镜头；写物空镜头则大多为特写和近景。

空镜头可以渲染气氛，也可以用来借景抒情。

例如，当在一档反腐视频节目结束时，旁白是"留给他的将是监狱中的漫漫人生"，画面是监狱高墙及墙上的电网，并且随着背景音乐逐渐模糊直到黑场。这个空镜头暗示了节目主人公余生将在高墙内度过，未来的漫漫人生将是灰暗的。

此外，还可以利用空镜头进行时空过渡。

镜头一：中景，小男孩走出家门。

镜头二：全景，森林。

镜头三：近景，树木局部。

镜头四：中景，小男孩在森林中行走。

在这组镜头中，镜头二与镜头三均为空镜，很好地起到了时空过渡的作用。

客观镜头的作用

客观镜头的视点模拟的是旁观者或导演的视点，对镜头所展示的事情不参与、不判断、不评论，只是让观众有身临其境之感，所以也称为中间镜头。

新闻报道就大量使用了客观镜头，只报道新闻事件的状况、发生的原因和造成的后果，不作任何主观评论，让观众去评判、思考。画面是客观的，内容是客观的，记者的立场也是客观的，从而达到新闻报道客观、公正的目的。例如，下面是一个记录白天鹅栖息地的纪录片截图。

客观镜头的客观性包括两层含义。

■ 客观反映对象自身的真实性。

■ 对拍摄对象的客观描述。

主观镜头的作用

从摄影的角度来说，主观性镜头是指摄影机模拟人的观察视角，视频画面展现人观察到的情景，这样的画面具有较强的代入感，也被称为第一视角画面。

例如，在电影中，当角色通过望远镜观察时，下一个镜头通常都会模拟通过望远镜观看到的景物，这就是典型的第一视角主观性镜头。

网络上常见的美食制作讲解、台球技术讲解、骑行风光、跳伞、测评等类型的视频，多数采用主观性镜头。在拍摄这样的主观性镜头时，多数采用将 GoPro 等便携式摄像设备固定在拍摄者身上的方式，有时也会采用手持的方式拍摄，因为画面的晃动能更好地模拟一个人的运动感，将观众带入画面。

在拍摄剧情类视频时，一个典型的主观性镜头，通常是由一组镜头构成的，以告诉观众谁在看、看什么、看到后的反应及如何看。

回答这 4 个问题可以安排下面这样一组镜头。

一镜是人物的正面镜头，这个镜头要强调看的动作，回答是谁在看。

二镜是人物的主观性镜头，这个镜头要强调所看到的内容，回答人物在看什么。

三镜是人物的反应镜头，这个镜头侧重强调看到后的情绪，如震惊、喜悦等。

四镜是带关系的主观性镜头，一般是将拍摄器材放在人物的后面，以高于肩膀的高度拍摄。这个镜头提示看与被看的关系，体现二者的空间关系。

4 种常用的非技巧性转场

非技巧性转场是利用镜头的自然过渡来连接上下两个镜头的，它强调的是视觉的连续性，并不是任何两个镜头之间都可应用非技巧性转场，运用非技巧性转场需要注意寻找合理的转场元素。

利用相似性进行转场

当前后两个镜头具有相同或相似的主体形象，或者两个镜头的元素在运动方向、速度、色彩、表情、动作、声音等方面具有一致性时，即可实现视觉连续、转场顺畅的效果。

例如，下面这组镜头是利用帽子进行转场的。

下面分别是利用动作及表情进行转场的。

同理，在拍摄生活类视频时，如果上一个镜头是果农在果园里采摘苹果的近景，下一个镜头是顾客在菜市场挑选苹果的特写，利用上下镜头都有"苹果"这一相似性元素，就可以将两个不同场景下的镜头联系起来，从而实现自然、顺畅的转场效果。

特写转场

特写转场也称为细节转场，是指前一组镜头以推镜头的方式，从中景或特写逐渐推到大特写景别，下一组镜头从大特写景别逐渐拉到中景或全景。由于两组镜头衔接处是无时间、空间标志的同一物体的特写细节，因此，转场基本上是无痕的。

例如，下面的一组镜头是逐渐从中景推到眼部特写，再从眼部特写拉到中景，完成时空转换，获得平滑的转场效果的。

这种转场方法的优点是可以通过任意对象进行转场，例如，一支笔、一顶帽子、一副眼镜、一个树洞、一个笔记本、飞扬的头条、打字的手等。

空镜转场

只拍摄场景的镜头称为空镜头。空境转场通常在需要表现时间或空间巨大变化时使用，从而起到过渡、缓冲的作用。

除此之外，空镜头也可以实现"借物抒情"的效果。比如，上一个镜头是女主角在电话中向男主角提出分手，接一个空镜头，是雨滴落在地面的景象，然后再接男主角在雨中接电话的景象。其中，"分手"这种消极情绪与雨滴落在地面的镜头之间是有情感上的内在联系的；而男主角站在雨中接电话，由于与空镜头中的"雨"存在空间上的联系，从而实现了自然且富有情感的转场效果。下面这组图就使用空镜头使场景从室外直接切到了室内。

遮挡镜头转场

当某物逐渐遮挡画面，直至完全遮挡，然后再逐渐离开，显露画面的过程就是遮挡镜头转场。这种转场方式可以将过场戏省略掉，从而加快画面节奏。

例如，下面是利用场景中的衣服遮挡镜头形成自然转场的。

如果遮挡物距离镜头较近，阻挡了大量的光线，导致画面完全变黑，再由纯黑的画面逐渐转变为正常的场景，这种转场方式称为挡黑转场。挡黑转场在视觉上可以给人较强的冲击，同时还可以制造视觉悬念。

门框与廊柱等竖条形景物，通常可以是很好的遮挡物。

此外，从主角面前经过的人与车等运动的对象，也可以形成有效遮挡。

4 种常用的技巧性转场

技巧性转场指的是在拍摄或剪辑时要采用一些技术或特效才能实现的转场。

淡入淡出转场

淡入淡出转场即上一个镜头的画面由明转暗,直至黑场;下一个镜头的画面由暗转明,逐渐显示至正常亮度。淡出与淡入的时长一般各为两秒,但在实际编辑时,可以根据视频的情绪、节奏灵活掌握。

在部分影片中,在淡出淡入转场之间还有一段黑场,表示剧情告一段落,或者让观众陷入思考。从黑色通过淡入方式进入正片,是常用的视频开场方式。

同理,也可以采用正片淡出到黑色的方式来结束一段视频,给观众逐渐脱离故事的感觉。

除了黑色,还可以使用白色完成淡入与淡出。当淡入到白色时,通常给人一种进入梦境、回忆或精神得到升华的感觉。

叠化转场

叠化是指将前后两个镜头在短时间内重叠,并且前一个镜头逐渐模糊到消失,后一个镜头逐渐清晰直到完全显现。

叠化转场主要用来表现时间的消逝、空间的转换,或者在表现梦境和回忆的镜头中使用,还可以利用这种方法获得情节过渡镜头。

叠化还可以在两个镜头的人物、景物之间建立联系。例如，在下面的视频截图中，就是通过叠化的方式使男人与小孩之间产生逻辑联系的。

值得一提的是，由于在叠化转场过程中，前后两个镜头会有几秒比较模糊的重叠，如果镜头质量不佳的话，可以用这段时间掩盖镜头缺陷。

划像转场

划像转场也被称为扫换转场，分为划出与划入。上一个画面从某一方向退出屏幕称为划出；下一个画面从某一方向进入屏幕称为划入。

根据画面进、出屏幕的方向不同，可分为横划、竖划和对角线划等，通常在两个内容意义差别较大的镜头转场时使用。

这种转场形式由于略显老旧，目前应用已经比较少了。

其他特效转场

由于目前视频剪辑类软件的功能非常强大，从理论上来说，可以使用任意一种特效来进行转场，如多屏分切、翻页、旋转缩小和竖向模糊等。

但这样的转场由于过于刻意，因此大多数仅适用于MTV类视频短片，用于增强视频的动感，丰富视频画面。

了解拍摄前必做的分镜头脚本

通俗地说，分镜头脚本就是将一段视频包含的每一个镜头拍什么、怎么拍，先用文字写出来或画出来（有人会利用简笔画表明分镜头脚本的构图方法），也可以理解为拍视频之前的计划书。

对于影视剧的拍摄，分镜头脚本有着严格的绘制要求，是前期拍摄和后期剪辑的重要依据，并且需要经过专业的训练才能完成。但作为普通摄影爱好者，大多数都以拍摄短视频或者 VLOG 为目的，因此只需了解其作用和基本撰写方法即可。

分镜头脚本的作用

指导前期拍摄

即便是拍摄一条长度仅为 10 秒左右的短视频，通常也需要 3 ~ 4 个镜头来完成。那么 3 个或 4 个镜头计划怎么拍，就是分镜脚本中应该写清楚的内容。这样可以避免到了拍摄场地后在现场构思，既浪费时间，又可能因为思考时间太短，而得不到理想的画面。

值得一提的是，虽然分镜头脚本有指导前期拍摄的作用，但不要被其所束缚。在实地拍摄时，如果有更好的创意，则应该果断采用新方法进行拍摄。

下面展示的是徐克、姜文、张艺谋 3 位导演的分镜头脚本，可以看出来即便是大导演也在遵循严格的拍摄规划流程。

○ 徐克、姜文、张艺谋三位导演的分镜头脚本

后期剪辑的依据

根据分镜头脚本拍摄的多个镜头，需要通过后期剪辑合并成一段完整的视频。因此，镜头的排列顺序和镜头转换的节奏都需要以分镜头脚本作为依据。尤其是在拍摄多组备用镜头后，很容易相互混淆，导致不得不花费更多的时间进行整理。

另外，由于拍摄时现场的情况很可能与预期不同，所以前期拍摄未必完全按照分镜头脚本进行。此时就需要懂得变通，抛开分镜头脚本，寻找最合适的方式进行剪辑。

分镜头脚本的撰写方法

掌握了分镜头脚本的撰写方法，也就学会了如何制订短视频或者 VLOG 的拍摄计划。

分镜头脚本应该包含的内容

一份完善的分镜头脚本应该包含镜头编号、景别、拍摄方法、时长、画面内容、拍摄解说和音乐 7 部分内容。下面逐一讲解每部分内容的作用。

（1）镜头编号：镜头编号代表各个镜头在视频中出现的顺序。绝大多数情况下，它也是前期拍摄的顺序（因客观原因导致个别镜头无法拍摄时，则会先跳过）。

（2）景别：景别分为全景（远景）、中景、近景和特写，用于确定画面的表现方式。

（3）拍摄方法：针对被摄对象描述镜头运用方式，是分镜头脚本中唯一对拍摄方法的描述。

（4）时间：用来预估该镜头的拍摄时长。

（5）画面：对拍摄的画面内容进行描述。如果画面中有人物，则需要描绘人物的动作、表情和神态等。

（6）解说：对拍摄过程中需要强调的细节进行描述，包括光线、构图及镜头运用的具体方法等。

（7）音乐：确定背景音乐。

提前对上述 7 部分内容进行思考并确定，整段视频的拍摄方法和后期剪辑的思路、节奏就基本确定了。虽然思考的过程比较费时，但正所谓"磨刀不误砍柴工"，做一份详尽的分镜头脚本，可以让前期拍摄和后期剪辑轻松很多。

撰写分镜头脚本实践

了解了分镜头脚本所包含的内容后，就可以尝试自己进行撰写了。这里以在海边拍摄一段视频为例，向读者介绍分镜头脚本的撰写方法。

由于分镜头脚本是按不同镜头进行撰写的，所以一般都以表格的形式呈现。但为了便于介绍撰写思路，会先以成段的文字进行讲解，最后通过表格呈现最终的分镜头脚本。

首先，整段视频的背景音乐统一确定为陶喆的《沙滩》，然后再通过分镜头讲解设计思路。

镜头 1：人物在沙滩上散步，并在旋转过程中让裙子散开，表现出在海边散步的惬意。所以"镜头 1"利用远景将沙滩、海水和人物均纳入画面中。为了让人物在画面中显得比较突出，应穿着颜色鲜艳的服装。

镜头2：由于"镜头3"中将出现新的场景，所以将"镜头2"设计为一个空镜头，单独表现"镜头3"中的场地，让镜头彼此之间具有联系，起到承上启下的作用。

镜头3：经过前面两个镜头的铺垫，此时通过在垂直方向上拉镜头的方式，让镜头逐渐远离人物，表现出栈桥的线条感与周围环境的空旷、大气之美。

镜头4：最后一个镜头则需要将画面拉回到视频中的主角——人物身上。同样通过远景来表现，同时兼顾美丽的风景与人物。在构图时要利用好栈桥的线条，形成透视牵引线，增强画面的空间感。

○ 镜头 1：表现人物与海滩景色

○ 镜头 2：表现出环境

○ 镜头 3：逐渐表现出环境的极简美

○ 镜头 4：回归人物

经过上述思考，就可以将分镜头脚本以表格的形式表现出来了，最终的成品参见下表。

镜号	景别	拍摄方法	时间	画面	解说	音乐
1	远景	移动机位拍摄人物与沙滩	3 秒	穿着红衣的女子在海边的沙滩上散步	采用稍微俯视的角度，表现出沙滩与海水，女子可以摆动起裙子	《沙滩》
2	中景	以摇镜头的方式表现栈桥	2 秒	狭长栈桥的全貌逐渐出现在画面中	摇镜头的最后一个画面，需要栈桥透视线的灭点位于画面中央	同上
3	中景+远景	中景俯拍人物，采用拉镜头的方式，让镜头逐渐远离人物	10 秒	从画面中只有人物与栈桥，再到周围的海水，再到更大的空间	通过长镜头，以及拉镜头的方式，让画面中逐渐出现更多的内容，引起观赏者的兴趣	同上
4	远景	以固定机位拍摄	7 秒	女子在优美的栈桥上翩翩起舞	利用栈桥让画面更具空间感。人物站在靠近镜头的位置，使其占据一定的画面比例	同上

1800 万粉丝大号张同学的镜头脚本分析

下面是笔者针对张同学的视频制作的简单的脚本表格。从中不难看出，他使用的技术其实非常简单，视频的流畅感与沉浸感主要来源于主观性镜头与客观性镜头的切换，以及动作与动作之间的衔接。

例如，主观性镜头多为特写景别，使视频有第一人像视角效果。同一个动作换不同的角度拍摄，并在动作发生的瞬间做镜头衔接。利用遮挡转场的手法，使场景与场景之间的切换更自然。

镜号	景别	拍摄方法	镜头类型	画面
1	全景	平移机位拍摄	客观	主角掀起被子准备起床
2	特写	手持跟随拍摄	主观	掀起窗帘
3	近景	屋外固定机位拍摄	客观	从屋内向窗外看
4	特写	手持跟随拍摄	主观	取右侧窗帘
5	特写	手持跟随拍摄	主观	取左侧窗帘
6	特写	手持跟随拍摄	主观	拿开枕头取袜子
7	特写	固定机位拍摄	客观	穿袜子细节
8	特写	固定机位拍摄	主观	穿袜子细节
9	特写	手持跟随拍摄	主观	拿衣服
10	特写	固定机位拍摄	客观	下床跳到鞋子上
11	全景	固定机位拍摄	客观	叠被子
12	特写	固定机位拍摄	客观	被子遮挡镜头（便于切场景）
13	特写	手持跟随拍摄	主观	将枕头放到被子上
14	全景	固定机位拍摄	客观	推被子遮挡镜头
15	特写	手持跟随拍摄	主观	走向柜子打开抽屉
16	特写	手持跟随拍摄	主观	推门
17	全景	屋外固定机位拍摄	客观	推开门（这里与前一个镜头衔接很自然），准备揭开橱柜帘
18	近景	橱柜内固定机位拍摄	客观	揭开帘子（与前一个镜头衔接自然），拿一碗剩饭
19	特写	手持跟随拍摄	主观	将碗放在桌子上
20	特写	手持跟随拍摄	主观	揭开锅盖
21	特写	固定机位拍摄	主观	把剩饭丢到锅里
22	特写	手持跟随拍摄	主观	拿勺子准备挖剩菜
23	特写	固定机位拍摄	客观	用勺子挖剩菜（与前一个镜头衔接自然）

第8章

录制常规、延时及慢动作视频
的参数设置方法

使用佳能微单相机录制视频的简易流程

佳能微单相机录制视频的操作基本类似，下面以Canon EOS R5相机为例，讲解简单的拍摄短片的基本操作流程。

1.按MODE按钮显示拍摄模式选择界面，如果显示的是照片拍摄界面，需按INFO按钮切换到短片模式选择界面。

2.在短片模式选择界面中，转动主拨盘📷可以选择以何种模式拍摄短片。如果希望手动控制短片的曝光量，将拍摄模式选择为🎥M挡；如果希望相机自动控制短片的曝光量，将拍摄模式选择为🎥或🎥挡；如果希望优先使用光圈或快门拍摄短片，则可以将拍摄模式选择为🎥Av或🎥Tv，选择完后按下SET按钮确认。

3.在拍摄短片前，可以通过自动或手动的方式先对主体进行对焦。在光圈优先、快门优先及手动拍摄模式下，还需调整曝光组合。

4.按下短片拍摄按钮，即可开始录制短片。

5.录制完成后，再次按下短片拍摄按钮结束录制。

如果使用的是 Canon EOS R6 相机，可以转动模式拨盘使🎥图标与左侧白色标志对齐，即为短片拍摄模式。通过"拍摄菜单 1"中的"拍摄模式"菜单，用户可以选择是短片自动曝光还是短片手动曝光。

有些佳能微单相机如 Canon EOS R5/R5，支持在拍摄静止照片期间，直接按短片拍摄按钮来录制短片。在📷模式下录制短片会以📷模式进行录制，在📷以外的模式下录制短片会以 P 模式进行录制。

O 选择拍摄模式

O 在拍摄前，可以先半按快门进行自动对焦，或者转动镜头对焦环进行手动对焦

O 按下红色的短片拍摄按钮，将开始录制短片，此时会在屏幕右上角显示一个红色的圆

虽然上面的流程看上去很简单，但实际上在拍摄过程中，涉及若干知识点。比如，设置视频短片参数、设置视频拍摄模式、开启并正确设置实时显示模式、开启视频拍摄自动对焦模式、设置视频对焦模式、设置视频自动对焦灵敏感度、设置录音参数及设置时间码参数等，只有理解并正确设置这些参数，才能够录制出一段合格的视频。

下面笔者将通过若干节讲解上述知识点。

视频格式与画质

　　跟设置照片的尺寸、画质一样，录制视频时需要关注视频的相关参数。如果录制的视频只是普通的生活短片，采用全高清分辨率即可。但是，如果作为商业短片使用，则需要录制高帧频的4K 视频。所以在录制视频之前，一定要设置好视频的参数。

设置视频格式与画质的方法

　　不同定位的相机支持不同的视频录制尺寸。以佳能 R5 为例，其在视频方面的一大亮点就是它是佳能首款支持 8K 录制的相机，最高支持以 29.97P/25P 的帧频机内录制分辨率为 8192×4320 的8K DCI 短片或分辨率为 7680×4320 的 8K UHD 短片。此外，该相机还支持 8K 超采样生成高精细4K 短片。这是因为佳能 R5 的定位就是高端视频拍摄，而定位在入门级的 R10 相机，则最高只支持录制 4K 视频。

❶ 在**拍摄菜单1**中选择**短片记录画质**选项

❷ 选择**短片记录尺寸**选项

❸ 选择所需的短片记录尺寸选项，然后点击 SET OK 图标确定

❹ 若在步骤❷中选择了**高帧频**选项

❺ 点击**启用**或**关闭**按钮，然后点击 SET OK 图标确定

❻ 若在步骤❷中选择了**4K HQ模式**选项

❼ 选择**启用**或**关闭**选项

❽ 启用4K HQ模式后，会显示短片记录尺寸中的4K可选项

常见视频分辨率、格式及压缩方式

　　虽然不同的微单相机支持不同分辨率及压缩方式的视频格式，但各位读者可以通过下面的表格总体了解不同分辨率的具体尺寸及不同压缩方式的具体含义。

	短片记录画质选项说明表		
短片记录尺寸	**图像大小**		
	8K·U/8K·D	4K·U/4K·D	FHD
	8K超高清画质。8K·U记录尺寸为8192×4320，长宽比为17：9；8K·D记录尺寸为7680×4320，长宽比为16：9	4K超高清画质。4K·U记录尺寸为4096×2160，长宽比为17：9；4K·D记录尺寸为3840×2160，长宽比为16：9	全高清画质。记录尺寸为1920×1080，长宽比为16：9
	帧频（帧/秒）		
	119.9P 59.94P 29.97P	100.0P 50.00P 25.00P	23.98P 24.00P
	分别以119.9帧/秒、59.94帧/秒、29.97帧/秒的帧频率记录短片，适用于电视制式为NTSC的地区（北美、日本、韩国、墨西哥等）。119.9P在启用"高帧频"功能时有效	分别以110帧/秒、50帧/秒、25帧/秒的帧频率记录短片，适用于电视制式为PAL的地区（欧洲、俄罗斯、中国、澳大利亚等）。100.0P在启用"高帧频"功能时有效	分别以23.98帧/秒和24帧/秒的帧频率记录短片，适用于电影。将视频制式设为"NTSC"时，23.98P选项可用
	压缩方式		
	ALL-I（编辑用/仅I）	IPB（标准）	IPB ↓（轻）
	一次压缩一个帧进行记录，虽然文件尺寸会比使用IPB（标准）时更大，但更适合编辑	一次高效地压缩多个帧进行记录。由于文件尺寸比使用ALL-I（编辑用）时更小，在同样存储空间的情况下，可录制更长时间的视频	由于短片以比使用IPB时更低的比特率进行记录，因而文件尺寸更小，并且可以与更多回放系统兼容
	短片记录格式		
	RAW		MP4
	短片会以数字方式将来自图像感应器的、原始未经处理的数据记录至存储卡中，用户可以使用DPP或其他后期编辑软件进行后期处理		当选择ALL-I、IPB（标准）或IPB ↓压缩方式时，短片会以MP4格式存储。此格式的视频具有更广的兼容性
高帧频	选择"启用"选项，可以在4K·U/4K·D画质下，以119.9帧/秒或100.0帧/秒的高帧频录制短片		
4K HQ模式	选择"启用"选项，可使用比普通4K短片更高级别的画质录制短片		

利用短片裁切拉近被拍摄对象

当在全画幅微单相机上安装了RF或EF系列镜头时，可以通过"短片裁切"菜单来设置是否对照片的中央进行裁切，以获得和使用长焦镜头拍摄时一样的拉近效果。

如果安装的是RF-S系列镜头，则拍摄出来的画面与使用RF或EF系列镜头拍摄并应用"短片裁切"功能后的视角相同。如果再启用"短片裁切"功能，则可以获得更加明显的拉近效果。下面以佳能R5为例，展示此菜单功能的效果。

❶ 在**拍摄菜单1**中选择**短片裁切**选项　　❷ 选择**启用**或**关闭**选项

8K·U（延时）/4K·U（延时）
/FHD（延时）的取景范围

8K·D（8190×4320）/4K·D
（4096×2160）的取景
范围

8K·U（7680×4320）/4K·U（3840×2160）
/FHD（1920×1080）的取景范围

○ 安装 RF 或 EF 镜头，并且将 "短片裁切" 功能设为
"关闭" 时

4K·U（延时）/FHD(延时)
的取景范围

4K·D（4096×2160）的取
景范围

4K·U（3840×2160）/FHD
（1920×1080）的取景范围

○ 安装 RF 或 EF 镜头，并且将 "短片裁切" 功能设为 "启
用" 时；安装 EF-S 镜头时

根据存储卡及时长设置视频画质

与不同尺寸、压缩比的照片文件大小不同一样，录制视频时，如果使用了不同的视频尺寸、帧
频或压缩比，视频文件的大小也相去甚远。因此，在拍摄视频前一定要预估自己使用的存储卡可
以记录的视频时长，以避免录制视频时由于要临时更换存储卡，而不得不中断视频录制的尴尬。

例如，以 29.97 帧 / 秒、8K UHD、ALL-I 格式录制视频，存储容量为 256GB 的卡，只能录制
26 分钟，如果以 29.97 帧 / 秒、4K UHD、IPB 格式录制视频，可以录制 4 小时 40 分钟，而如果以
50.00 帧 / 秒、Full HD、IPB 格式录制视频，则可以录制 18 小时 2 分钟。

如果录制的是高帧率视频，格式是 119.88 帧 / 秒、4K UHD、ALL-I，存储容量为 256GB 的卡，
只能录制 18 分钟。

了解短片拍摄状态下的信息显示

在短片拍摄模式下，屏幕会显示若干参数，了解这些参数的含义，有助于摄影师快速调整相关参数，从而提高录制视频的效率、成功率及品质。

❶ Canon Log
❷ 短片自拍定时器
❸ 短片伺服自动对焦
❹ HDR短片
❺ 耳机音量
❻ 短片记录尺寸
❼ 自动对焦方式
❽ 拍摄模式
❾ 图像稳定器（IS模式）
❿ 可用的短片记录时间：已记录时间
⓫ 电池电量
⓬ 速控图标
⓭ 录制图标

⓮ 用于记录/回放的存储卡
⓯ 白平衡/白平衡校正
⓰ 自动亮度优化
⓱ Wi-Fi功能
⓲ 蓝牙功能
⓳ 曝光补偿

⓴ 曝光量指示标尺（测光等级）

在短片拍摄模式下，连续按下INFO按钮，可以在不同的信息显示内容之间进行切换。

○ 显示主要参数

○ 显示完整参数

○ 显示直方图与数字水平量规

○ 只显示图像

○ 屏幕上仅显示拍摄信息（没有影像）

设置视频拍摄模式

与拍摄照片一样，拍摄视频时也可以采用多种不同的曝光模式，如自动曝光模式、光圈优先曝光模式、快门优先曝光模式和全手动曝光模式等。

如果对曝光要素不太理解，可以直接设置为自动曝光或程序自动曝光模式。

如果希望精确地控制画面的亮度，可以将拍摄模式设置为全手动曝光模式。但在这种拍摄模式下，需要摄影师手动控制光圈、快门和感光度 3 个要素。下面分别讲解这 3 个要素的设置思路。

光圈：如果希望拍摄的视频具有电影般的效果，可以将光圈设置得稍微大一点，从而虚化背景，获得浅景深效果；反之，如果希望拍摄出来的视频画面远近都比较清晰，就需要将光圈设置得稍微小一点。

感光度：在设置感光度的时候，主要考虑的是整个场景的光照条件。如果光照不是很充分，可以将感光度设置得稍微大一点；反之，则可以降低感光度，以获得较为优质的画面。

快门速度对视频的影响比较大，下面详细讲解。

理解快门速度对视频的影响

无论是拍摄照片，还是拍摄视频，曝光三要素中光圈、感光度的作用都是一样的，但唯独快门速度对视频录制有着特殊的意义，因此值得详细讲解。

根据帧频确定快门速度

从视频效果来看，大量摄影师总结出来的经验是将快门速度设置为帧频2倍的倒数。此时录制的视频中运动物体的表现是最符合肉眼观察效果的。

比如，视频的帧频为 25P，那么应将快门速度设置为 1/50 秒（25 乘以 2 等于 50，再取倒数，为 1/50）。同理，如果帧频为 50P，则应将快门速度设置为 1/100 秒。

但这并不是说，在录制视频时，快门速度只能保持不变。在一些特殊情况下，当需要利用快门速度调节画面亮度时，在一定范围内进行调整是没有问题的。

快门速度对视频效果的影响

拍摄视频的最低快门速度

当需要降低快门速度提高画面亮度时，快门速度不能低于帧频的倒数。比如，当帧频为 25P 时，快门速度不能低于 1/25 秒。而事实上，也无法设置比 1/25 秒还低的快门速度，因为在录制视频时佳能相机会自动锁定帧频倒数为最低快门速度。

❍ 在昏暗的环境下录制时，可以适当降低快门速度以保证画面亮度

拍摄视频的最高快门速度

当需要提高快门速度降低画面亮度时，其实对快门速度的上限是没有硬性要求的。但若快门速度过高，由于每一个动作都会被清晰定格，从而导致画面看起来很不自然，甚至会出现失真的情况。

这是因为人的眼睛是有视觉时滞的，也就是当人们看到高速运动的景物时，景物会出现动态模糊的效果。而当使用过高的快门速度录制视频时，运动模糊效果消失了，取而代之的是清晰的影像。比如，在录制高速奔跑的人物时，由于双腿每次摆动的画面都是清晰的，就会看到很多条腿的画面，也就导致画面出现失真、不正常的情况。

因此，建议在录制视频时，快门速度最好不要高于最佳快门速度的2倍。

○ 当电影画面中的人物进行快速移动时，画面中出现动态模糊效果是正常的

手动曝光模式下拍摄视频时的快门速度

对于Canon EOS R5，在M挡手动曝光模式下，可用的快门速度因指定的短片记录画质的帧频不同而不同。具体见下表所示。

帧频	快门速度（秒）		
	普通短片拍摄	高帧频短片拍摄	HDR短片拍摄
119.9P	-	1/4000 ~ 1/125	
100.0P		1/4000 ~ 1/100	
59.94P	1/4000 ~ 1/8	-	
50.00P			
29.97P			1/1000 ~ 1/60
25.00P			1/1000 ~ 1/50
23.98P			

开启短片伺服自动对焦

佳能最近几年发布的相机均具有视频自动对焦模式，即当视频中的对象移动时，能够自动对其进行跟焦，以确保被拍摄对象在视频中的影像是清晰的。

但此功能需要通过设置"短片伺服自动对焦"菜单来开启。

❶ 在**自动对焦菜单1**中选择**短片伺服自动对焦**选项

❷ 选择**启用**或**关闭**选项，然后点击 SET OK 图标确定

将"短片伺服自动对焦"菜单设为"启用"，即可在视频拍摄期间，即使不半按快门，也能根据被摄对象的移动状态不断调整对焦，以保证始终对被摄对象进行对焦。

但在使用该功能时，相机的自动对焦系统会持续工作，当不需要跟焦被摄体，或者将对焦点锁定在某个位置时，即可通过按下赋予了"暂停短片伺服自动对焦"功能的自定义按键来暂停该功能。

通过上面的图片可以看出，笔者拿着红色玩具小车不规则运动时，相机是能够准确跟焦的。

如果将"短片伺服自动对焦"菜单设为"关闭"，那么只有通过半按快门，或者在屏幕上单击对象时，才能够进行对焦。

例如在右面的图示中，第一次对焦于左上方的安全路障，如果不再次单击其他位置的话，对焦点会一直锁定在左上方的安全路障上。单击右下方的篮球后，焦点会重新对焦在篮球上。

设置视频自动对焦灵敏度

短片伺服自动对焦追踪灵敏度

当录制短片时，在使用了短片伺服自动对焦功能的情况下，可以在"短片伺服自动对焦追踪灵敏度"菜单中设置自动对焦追踪灵敏度。

❶ 在**自动对焦菜单3**中选择**短片伺服自动对焦追踪灵敏度**选项

❷ 点击 ◄ 或 ► 图标选择所需的灵敏度等级，然后点击 SET OK 图标确定

灵敏度有7个等级，如果设置为偏向灵敏端的数值，那么当被摄对象偏离自动对焦点或者有障碍物从自动对焦点面前经过时，自动对焦点会对焦其他物体或障碍物。

如果设置偏向锁定端的数值，则自动对焦点会锁定被摄对象，不会轻易对焦到别的位置。

■锁定（-3/-2/-1）：偏向锁定端，可以使相机在自动对焦点丢失原始被摄对象的情况下，也不太可能追踪其他被摄对象。设置的值越低，相机追踪其他被摄对象的概率越小。这样的设置，可以在摇摄期间或有障碍物经过自动对焦点时，防止自动对焦点立即追踪非被摄对象的其他物体。

■敏感（+1/+2/+3）：偏向敏感端，可以使相机在追踪覆盖自动对焦点的被摄对象时更敏感。设置的值越高，则对焦越灵敏。这样的设置，适用于想要持续追踪与相机之间的距离发生变化的运动被摄对象，或者要快速对焦其他被摄对象的录制场景。

○ 摩托车手短暂地被其他的摄影师遮挡

例如，在上图中，摩托车手短暂地被其他的摄影师遮挡，此时如果对焦灵敏度过高，焦点就会落在其他摄影师身上，而无法跟随摩托车手，因此这个参数一定要根据当时的拍摄情况来灵活设置。

短片伺服自动对焦速度

当启用"短片伺服自动对焦"功能时，可以在"短片伺服自动对焦速度"菜单中设定在录制短片时短片伺服自动对焦功能的对焦速度和应用条件。

■ 启用条件：选择"始终开启"选项，那么在"自动对焦速度"选项中的设置，将在拍摄短片之前和在拍摄短片期间都有效。选择"拍摄期间"选项，那么在"自动对焦速度"选项中的设置仅在拍摄短片期间生效。

■ 自动对焦速度：可以将自动对焦转变速度从标准速度调整为"慢"（七个等级之一）或"快"（两个等级之一），以获得所需的短片效果。

❶ 在**对焦菜单3**中选择**短片伺服自动对焦速度**选项

❸ 选择**始终开启**或**拍摄期间**选项

❷ 点击**启用条件**或**自动对焦速度**选项

❹ 若在步骤❷中选择了**自动对焦速度**选项，点击◀或▶图标切换选择对焦的速度，然后点击 SET OK 图标确定

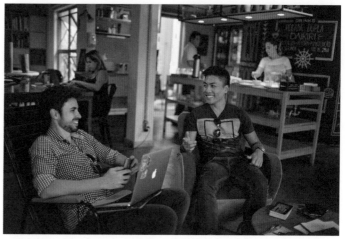

○ 拍摄有前景及背景的谈话场景时，当焦点从前景切换至背景，或者从背景切换至前景时，焦点的转换速度可以用"短片伺服自动对焦速度"菜单控制

设置录音参数并监听现场音

使用相机内置的麦克风可录制单声道声音。通过将带有立体声微型插头（直径为3.5mm）的外接麦克风连接至相机，可以录制立体声。配合"录音"菜单中的参数设置，可以实现多样化的录音控制。

❶ 在**拍摄菜单1**中选择**录音**选项

录音/录音电平

选择"自动"选项，相机将会自动调节录音音量；选择"手动"选项，可以在"录音电平"界面中将录音音量的电半调节为64个等级之一，适用于高级用户；选择"关闭"选项，相机将不会记录声音。

风声抑制 / 衰减器

将"风声抑制/衰减器"设置为"启用"选项，则可以降低户外录音时的风噪声，包括某些低音调噪声（此功能只对内置麦克风有效）；当在无风的场所录制时，建议选择"关闭"选项，以便能录制到更加自然的声音。

❷ 选择不同的选项，即可进入修改参数界面

在拍摄前，即使将"录音"设定为"自动"或"手动"，如果有非常大的声音，仍然可能导致声音失真。在这种情况下，建议将"风声抑制/衰减器"设定为"启用"。

监听视频声音

在录制保留现场声音的视频时，监听视频声音非常重要，而且这种监听需要持续整个录制过程。

因为在使用收音设备时，有可能因为没有更换电池，或者其他未知因素，导致现场声音没有被录入视频。

有时现场可能有很低的噪声，确认这种声音是否会被录入视频的方法就是在录制时监听。另外，也可以通过回放来核实。

通过将配备有 3.5mm 直径微型插头的耳机连接到相机的耳机端子上，即可在拍摄短片期间听到声音。

如果使用的是外接立体声麦克风，可以听到立体声声音。要调整耳机的音量，按⊡按钮并选择Ω，然后转动主拨盘✍或速控转盘2✍调节音量。

○ 耳机端子

设置拍摄视频短片的相关参数

灵活运用相机的防抖功能

Canon EOS R5/R6 微单相机配置了图像稳定器，当在短片拍摄模式下启用相机的"影像稳定器模式"功能后，可以在短片拍摄期间以电子方式校正相机的抖动，即使使用没有防抖功能的镜头，也能校正相机的抖动，从而获得清晰的短片画面。

当使用配备有内置光学防抖功能的镜头时，请将镜头的防抖开关置于"ON"的位置，以获得更强大的相机防抖效果；如果将镜头的防抖开关置于"OFF"的位置，短片数码IS功能将不起作用。

❶ 在**拍摄菜单7**中选择**影像稳定器模式**选项

❷ 在**影像稳定器模式**中选择**开**或**关**选项

❸ 在**数码IS中**选择**开**或**关**选项，然后点击 SET OK 图标确定

定时自拍视频

与"自拍"驱动模式一样，在拍摄短片时，部分佳能微单相机也支持自拍。应用这个功能后，摄影师一个人也可以完成视频拍摄。

❶ 在**拍摄菜单6**中选择**短片自拍定时器**选项

❷ 选择**关**或**10秒**、**2秒**选项

无须后期直接拍出竖画幅视频

人们经常会将使用佳能微单相机录制的视频，传输到智能手机或其他设备上播放观看。启用"添加📹旋转信息"功能，可以自动为垂直使用相机录制的视频添加方向信息，以便在智能手机或其他设备上实现同方向播放。

❶ 在**设置菜单1**中选择**添加📹旋转信息**选项

❷ 选择**启用**或**关闭**选项，然后点击 SET OK 图标确定

利用斑马线定位过亮或过暗区域

拍摄照片时有高光警告提示曝光区域，而使用Canon EOS R5/R6相机录制视频时，同样提供了能帮助用户查看画面曝光的斑马线。通过"斑马线设置"菜单，用户可以指定在什么亮度级别的图像区域上方或周围显示斑马线图案，从而精确定位过暗或过亮的区域。

❶ 在**拍摄菜单7**中选择**斑马线设置**选项

❷ 选择**斑马线**选项

❸ 选择**开**或**关**选项

❹ 若在步骤❷中选择了**斑马线图案**选项，在此可以选择显示哪种斑马线

❺ 若在步骤❷中选择了**斑马线1级别**选项，在此可以选择斑马线1的显示级别

❻ 若在步骤❷中选择了**斑马线2级别**选项，在此可以选择斑马线2的显示级别

▲ 斑马线1的显示效果

▲ 斑马线2的显示效果

■ 斑马线：选择"开"选项，启用斑马线功能；选择"关"选项，则不启用斑马线功能。

■ 斑马线图案：可以选择斑马线1、斑马线2或斑马线1+2的显示模式。选择"斑马线1"选项，在具有指定亮度的区域周围显示向左倾斜的条纹；选择"斑马线2"选项，在超过指定亮度的区域周围显示向右倾斜的条纹；选择"斑马线1+2"选项，将同时显示两种斑马线，当两种区域重叠时，将显示重叠的斑马线。

■ 斑马线1级别：设定斑马线1的显示级别。当超过设定的数值时，画面中即显示斑马线1。

■ 斑马线2级别：设定斑马线2的显示级别。当超过设定的数值时，画面中即显示斑马线2。

录制延时短片

虽然现在的新款手机普遍具有拍摄延时视频的功能，但可控参数较少、画质不高，因此，如果要拍摄更专业的延时短片，还是需要使用相机。

下面以Canon EOS R5相机为例，讲解如何利用"延时短片"功能拍摄一条无声的视频短片。

■延时：选择"启用"选项，激活延时短片功能；选择"关闭"选项，则不使用延时短片功能。

■间隔：可在"00：00：02"至"99：59：59"之间设定间隔时间。

❶ 在**拍摄菜单5**中选择**延时短片**选项

❷ 选择**延时**选项

❸ 选择**启用**选项

❹ 启用延时短片功能后，可以对间隔、张数、短片记录尺寸、自动曝光、屏幕自动关闭及拍摄图像的提示音进行设置

❺ 若在步骤❹中选择**间隔**选项，可以点击间隔数字框，然后点击██或██图标选择所需的间隔时间，设置完成后点击**确定**按钮

❻ 若在步骤❹中选择**张数**选项，点击张数数字框，然后点击██或██图标选择所需的张数，设置完成后点击**确定**按钮

❼ 若在步骤❹中选择了**短片记录尺寸**选项，可以选择所需的选项

❽ 若在步骤❹中选择了**自动曝光**选项，在此点击所需的选项

❾ 若在步骤❹中选择了**屏幕自动关闭**选项，在此选择**启用**或**关闭**选项

❿ 若在步骤❹中选择了**拍摄图像的提示音**选项，在此选择**启用**或**关闭**选项

■拍摄张数：可在"0002"至"3600"张之间设定拍摄张数。如果设定为"3600"，在NTSC模式下生成的延时短片将约为2分钟，在PAL模式下生成的延时短片将约为2分24秒。

■短片记录尺寸：选择"8K·U"选项，将以8K（7680×4320）画质拍摄比例为16∶9的延时短片；选择"4K·U"选项，将以4K（3840×2160）画质拍摄比例为16∶9的延时短片；选择"FHD"选项，将以全高清（1920×1080）画质拍摄比例为16∶9的延时短片。不管选择哪个选项，在NTSC模式下，均录制帧频为29.97帧/秒的视频，在PAL模式下，均录制帧频25.00帧/秒的视频，并且视频采用ALL-I方式压缩，录制格式为MP4。

■自动曝光：选择"固定第一帧"选项，当拍摄第一张照片时，会根据测光自动设定曝光，首次拍摄设置的曝光和其他拍摄设定将被应用到后面的拍摄中；选择"每一帧"选项，则每次拍摄都将根据测光自动设定合适的曝光。

■屏幕自动关闭：选择"关闭"选项，在延时短片拍摄期间屏幕上会显示图像。不过，在开始拍摄大约30分钟后屏幕显示会关闭；选择"启用"选项，将在开始拍摄大约10秒后关闭屏幕显示。

■拍摄图像的提示音：选择"关闭"选项，在拍摄时不会发出提示音；选择"启用"选项，则每次拍摄时都会发出提示音。

完成设置后，相机会显示按拍摄预计需要拍多长时间，以及当前制式的放映时长。如果录制的延时场景时间跨度较大，如持续几天，则"间隔"值可以适当加大。如果希望拍摄延时视频时景物的变化细腻一些，则可以加大"拍摄张数"值。

○ 这组图是从视频中截取的。利用"延时短片"功能，将鲜花绽放的整个过程在极短的时间内展示出来，视觉效果极具震撼力

录制HDR短片

　　HDR短片适用于高反差场景，其能够较好地保留场景中的高光与阴影中的细节。当在"HDR短片记录"菜单中选择"启用"选项后，按照普通短片的录制流程拍摄即可。

　　不过由于HDR的工作模式是多帧进行合并以创建HDR短片，所以短片的某些部分可能出现失真的现象。为了减少这种失真现象，推荐使用三脚架稳定相机拍摄。HDR短片的画质为全高清，帧频为29.97帧/秒（NTSC）或25.00帧/秒（PAL），压缩方式为IPB（标准）。

　　当启用"短片数码IS"、"延时短片"、"高光色调优先"、"Canon Log设置"或"HDR PQ设置"功能时，HDR短片拍摄功能不可用。

❶ 在**拍摄菜单5**中选择**HDR短片记录**选项

❷ 选择**启用**选项，然后点击 SET OK图标确定

录制高帧频短片

　　让视频短片的视觉效果更丰富的方法之一，就是调整视频的播放速度，使其加速或减速，呈现快放或慢动作效果。

　　加速播放视频的方法很简单，通过后期处理将时长1分钟的视频压缩在10秒内播放完毕即可。

　　而要获得高质量的慢动作视频效果，则需要在前期录制出高帧频视频。例如，默认情况下，如果以25帧/秒的帧频录制视频，1秒只能录制25帧画面，回放时也是1秒。

　　但如果以100帧/秒的帧频录制视频，则1秒可以录制100帧画面，所以，当以常规25帧/秒的速度播放视频时，1秒内录制的视频则在播放时延续4秒，呈现出电影中常见的慢动作效果。

　　这种视频效果特别适合表现那些重要的瞬间或高速运动的拍摄题材，如飞溅的浪花、腾空的摩托车和起飞的鸟儿等。

　　Canon EOS R5相机会以4K-D 119.9P ALL-I/4K-U 119.9P ALL-I 或4K-D 100.0P ALL-I/4K-U 100.0P ALL-I画质录制高帧率视频，Canon EOS R6相机会以FHD 119.9P IPB或FHD 100.0P IPB画质录制高帧率视频。

❶ 在**拍摄菜单1**中选择**短片记录画质**选项

❶ 选择**高帧频**选项

❷ 选择**启用**选项，然后点击 SET OK 图标确定

第9章

人像、风光、动物、建筑、
星轨等题材实战拍摄技巧

7 步拍出逆光小清新人像

小清新人像以高雅、唯美为特点，表现出了一些年轻人的审美情趣，属于热门人像摄影风格。当小清新碰上逆光，会让画面显得更加唯美，不少户外婚纱照及写真都属于这类风格。

逆光小清新人像的拍摄要点主要有：模特的造型、服装搭配；拍摄环境的选择；拍摄时机的选择；准确测光。

掌握这几个要点就能轻松拍好逆光小清新人像，下面进行详细讲解。

1. 选择淡雅的服装

选择颜色淡雅、质地轻薄、带点层次的服饰，同时还要注意鞋子、项链、帽子配饰的搭配。模特妆容以淡妆为宜，发型则以表现出清纯、活力的一面为主。总之，以能展现少女风为原则。

2. 选择合适的拍摄地点

选择如公园花丛、树林、草地、海边等较清新、自然的环境作为拍摄地点。在拍摄时可以利用花朵、树叶、水的色彩来营造小清新感。

3. 选择拍摄时机

一般逆光拍小清新人像的最佳时间是夏天下午四点半到六点半，以及冬天下午三点半到五点，这些时间段的光线比较柔和，能够拍出干净、柔和的画面。同时，还要注意空气的通透度，如果是雾蒙蒙的，则拍摄出来的效果不佳。

85mm F2.2 1/320s ISO100

○ 以绿草地为背景，侧逆光照在模特身上，形成唯美的轮廓光。模特坐在草地上，撩起一缕头头轻轻地吹，画面非常简洁、自然

50mm F2.5 1/400s ISO160

○ 下午早些时候拍的画面，色彩非常小清新，色调不会偏暖且又有逆光的唯美氛围

4. 构图

在构图时，注意选择简洁的背景，不要出现杂乱的物体，并且背景中的颜色也不要太多，不然会显得太乱。

树林、花丛不仅可以用作背景，也可以用作前景，通过虚化来增强画面的唯美感。

5. 设置曝光参数

将拍摄模式设置为光圈优先模式，设置光圈值为 F1.8~F4，以获得虚化的背景，将感光度设置为 ISO100~ISO200，以获得高质量的画面。

6. 对人物补光及测光

在逆光拍摄时，人物会显得较暗，此时需要使用银色反光板，将其摆在人物的斜上方，对人脸进行补光（如果是暖色的夕阳光，则使用金色反光板），以降低人脸与背景的反差。

将测光模式设置为中央重点平均测光模式，靠近模特或将镜头拉近，以脸部皮肤为测光区域半按快门进行测光，得到数据后按下曝光锁定按钮锁定曝光。

7. 重新构图并拍摄

在保持按下曝光锁定按钮的情况下，通过改变拍摄距离或焦距重新构图，并对准人物半按快门对焦，对焦成功后按下快门进行拍摄。

> 提示：建议使用RAW格式存储照片，这样即使在曝光方面不理想，也可以很方便地通过后期处理进行优化。

O 金色和银色反光板

O 选择光圈优先模式并用较大的光圈（光圈数值较小）

O 选择中央重点平均测光模式

O 按下曝光锁定按钮锁定曝光

50mm F2.8 1/640s ISO100

O 模特拽着栏网，身体稍微向后倾，微笑着看向镜头，在侧逆光下，人物显得阳光和活泼

6 步在日落时拍好人像

不少摄影爱好者都喜欢在日落时分拍摄人像，却很少有人能够拍好。日落时分拍摄人像大多会拍成两种效果，一种是人像剪影，另一种是人物与天空都曝光合适的画面，下面介绍详细的拍摄步骤。

1. 选择纯净的拍摄环境

拍摄日落人像照片，应选择空旷无杂物的环境，取景时避免天空或画面中出现杂物，这一点对拍摄剪影人像尤为重要。

2. 使用光圈优先模式，设置小光圈

将相机的拍摄模式设置为光圈优先模式，并设置光圈值为 F5.6~F10。

○ 选择光圈优先模式并使用中小光圈

3. 设置低感光度

日落时分，天空中的光线强度足够满足画面的曝光需求，因此将感光度设置在 ISO100~ISO200 范围内即可，以获得高质量的画面。

4. 设置点测光模式

不管是拍摄剪影人像，还是人、景曝光都合适的画面，均使用点测光模式进行测光。以佳能相机的点测光圈对准夕阳旁边的天空测光（拍摄人、景曝光都合适的画面，需要在关闭闪光灯的情况下测光），然后按下曝光锁按钮锁定画面曝光。

○ 按下曝光锁定按钮锁定　○ 选择点测光模式
曝光

○ 针对天空进行测光，将前景的舞者处理成剪影效果，在简洁的天空衬托下舞者非常突出，展现出了其身姿之美

24mm F11 1/640s ISO100

○ 穿着飘逸服饰的女孩与海边日落的场景很搭

5. 重新构图并拍摄

如果想拍摄人物剪影，可以在保持按下曝光锁定按钮的情况下，通过改变焦距或拍摄距离重新构图，并对人物半按快门对焦，对焦成功后按下快门进行拍摄。

6. 对人物补光并拍摄

如果拍摄人物和景物曝光都合适的画面，在测光并按下曝光锁定按钮后，重新构图并打开外置闪光灯，设置为高速同步闪光模式，半按快门对焦，最后完全按下快门进行补光拍摄。

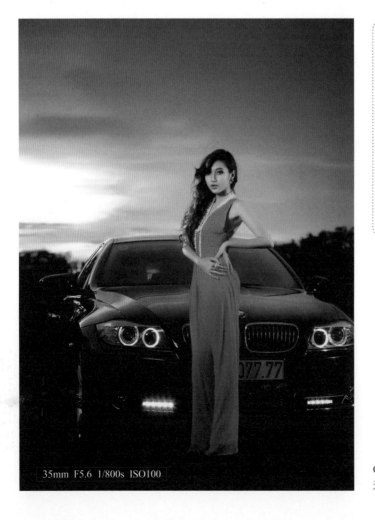

35mm F5.6 1/800s ISO100

提示：对人物补光并拍摄时，需要使用支持闪光同步功能的外置闪光灯。因为对天空测光所得的快门速度必然会高于相机内置闪光灯或普通闪光灯的同步速度。

如果购置了外置闪光灯柔光罩，则在拍摄时将柔光罩安装上，以柔化闪光效果。

○ 拍摄香车美女场景时以日落时的天空为背景，人物漂亮又大气

9 步拍好夜景人像

也许不少摄影初学者在提到夜间人像的拍摄时，首先想到的就是使用闪光灯。没错，夜景人像的确需要使用闪光灯，但也不是仅仅使用闪光灯那么简单，要拍好夜景人像还得掌握一定的技巧。

1. 拍摄器材与注意事项

拍摄夜景人像照片，在器材方面可以按照下面所讲的进行准备。

❶ 镜头：夜景人像照片适合使用大光圈定焦镜头拍摄，大光圈镜头的进光量多，在手持相机拍摄时，比较容易达到安全快门速度。另外，使用大光圈镜头能够拍出唯美虚化的背景效果。

❷ 三脚架：由于快门速度较慢，必须使用三脚架稳定相机进行拍摄。

❸ 快门线或遥控器：建议使用快门线或遥控器释放快门来拍摄，避免手指按下快门按钮时相机震动而使画面模糊。

❹ 外置闪光灯：外置闪光灯能够对画面进行补光拍摄，相比内置闪光灯，使用它可以进行更灵活的布光。

❺ 柔光罩：将柔光罩安装在外置闪光灯上，可以让光线变得柔和，从而拍出柔和的人像照片。

❻ 在服饰方面，模特应避免穿着深色的服装，否则人物容易与环境融为一体，使画面效果不佳。

○ 佳能大光圈定焦镜头　　○ 给相机安装上外置闪光灯后示例

○ 外置闪光灯的柔光罩

○ 虽然使用大光圈将背景虚化，可以很好地突出人物主体，但由于人物穿的是黑色服装，很容易融进暗夜里

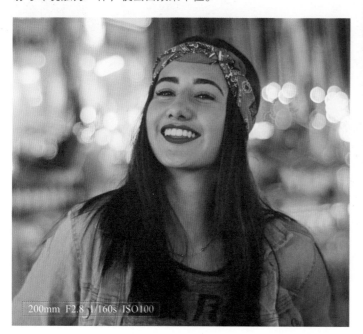

200mm F2.8 1/160s ISO100

○ 在使用闪光灯拍摄夜景人像时，设置了较低的快门速度，得到的画面背景变亮，看起来更美观

2. 选择适合的拍摄地点

应选择环境较亮的地方，这样拍摄出来的夜景人像，夜景的氛围会比较明显。

如果拍摄以环境光补光的夜景人像照片，则可选择有路灯、大型的广告灯箱、商场橱窗等地点，通过这些物体发出的光亮来对模特脸部进行补光。

3. 选择光圈优先模式并使用大光圈拍摄

将拍摄模式设置为光圈优先模式，并设置光圈值为 F1.2~F4 的大光圈，以虚化背景，这样夜幕下的灯光可以形成唯美的光斑效果。

4. 设置感光度

如果利用环境灯光对模特补光，通常需要提高感光度，来使画面获得标准曝光和达到安全快门。建议将感光度设置在ISO400~ISO1600范围内（高感较好的相机可以适当提高感光度。此取值范围基于手持拍摄，使用三脚架拍摄时可适当降低）。

如果拍摄闪光夜景人像，将感光度设置在ISO100~ISO200 范围内即可，可以获得较慢的快门速度（如果测光后得到的快门速度低于1秒，则要提高感光度了）。

5. 设置测光模式

如果拍摄利用环境光补光的夜景人像，适合使用中央重点平均测光模式，对人脸半按快门进行测光。

如果拍摄闪光夜景人像，则使用评价测光模式，对画面整体进行测光。

◎ 选择中央重点平均测光 ◎ 选择评价测光模式
模式

50mm F2.8 1/100s ISO200

◎ 用中央重点测光模式对人脸进行测光，人物面部得到准确曝光

6. 设置闪光同步模式

将相机的闪光模式设置为慢速闪光同步类的模式，以使人物与环境都得到合适的曝光（设置为前帘同步或后帘同步模式）。

○ 佳能相机设置快门同步菜单界面

○ 用前帘同步闪光模式拍摄，运动中的人物前方出现重影，给观者一种后退的错觉

7. 设置闪光控制模式

如果拍摄闪光夜景人像，则需要在闪光灯控制菜单中，将闪光模式设置为 ETTL。

○ 设置闪光模式菜单界面

50mm F4 1/100s ISO200

○ 在拍摄夜景人像时，以较高的快门速度使用闪光灯对人物补光，虽然人物还原正常，但背景却显得比较黑

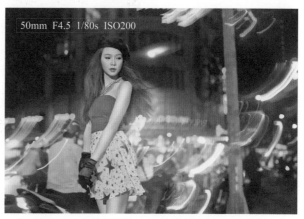

50mm F4.5 1/80s ISO200

○ 用后帘同步闪光模式拍摄，可以使背景模糊而人物清晰，由于运动生成的光线在实像的后面拖尾，看上去更真实自然

8. 设置对焦和对焦区域模式

将对焦模式设置为单次自动对焦模式，将自动对焦区域模式设置为单点，在拍摄时使用单个自动对焦点对人物眼睛进行对焦。

9. 设置曝光补偿或闪光曝光补偿

设定好前面的一切参数后，可以试拍一张，然后查看曝光效果，通常需要再进行曝光补偿或闪光补偿操作。

在拍摄利用环境光补光的夜景人像照片时，一般需要再适当增加0.3EV~0.5EV 的曝光补偿。在拍摄闪光夜景人像照片时，由于是对画面整体测光，通常会存在偏亮的情况，因此需要适当减少 0.3EV~0.5EV 的曝光补偿。

35mm F2 1/50s ISO1000

○ 设置曝光补偿界面

○ 设置闪光曝光补偿界面

○ 利用路灯和 LED 小灯珠为模特补光

提示：前帘同步与后帘同步都属于慢速闪光同步。前帘同步是指在相机快门刚开启的瞬间就开始闪光，这样会在主体的前面形成一片虚影，形成人物后退的动感效果。

与前帘同步不同的是，当使用后帘同步模式拍摄时，相机将先进行整体曝光，直至完成曝光前的一瞬间进行闪光。

所以，如果拍摄人物静止不动的人像照片，必须等曝光完成后模特才可以移动。

50mm F2.8 1/100s ISO1600

○ 用公园草地中的地灯照亮模特，拍摄出唯美的夜景人像

8 步拍好活泼的儿童

对儿童来说，适合进行拍摄的状态有可能稍纵即逝，摄影师必须提高单位时间内的拍摄效率，才可能从大量照片中选择优秀的照片。

因此，拍摄儿童最重要的原则是拍摄动作快、拍摄数量多、构图变化多样。

1. 拍摄注意事项

如果拍摄的是婴儿，应选择在室内光线充足的区域拍摄，如窗户前。如果室内光线偏暗，可以打开照明灯补光，切不可开启闪光灯拍摄，这样容易对孩子的眼睛造成伤害。

如果拍摄大一点的儿童，则拍摄地点在室内外均可。在室外拍摄时，适合使用顺光或散射光。

2. 善用道具与玩具

道具可以增加画面的情节，并营造出生动、活泼的气氛。道具可以是一束鲜花，也可以是篮子、吉他或帽子等。

另一类常用道具就是玩具。当儿童看见自己感兴趣的玩具时，自然会流露出好玩的天性，在这种状态下，拍摄的效果要比摆拍的效果自然、生动。

3. 拍摄角度

以孩子齐眉高度平视拍摄为佳，这样拍摄出来的画面比较真实、自然。不建议使用俯视的角度拍摄，这样拍摄出来的画面中的儿童会显得很矮，并且容易出现头大脚小的变形效果。

135mm F3.5 1/200s ISO160

○ 靠近窗户拍摄，利用自然光对儿童补光

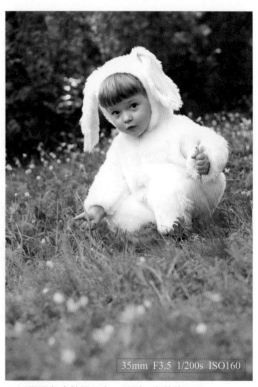

35mm F3.5 1/200s ISO160

○ 以平视角度拍摄儿童，得到了自然的画面

4. 拍摄参数设置

推荐使用光圈优先模式，光圈可以根据拍摄意图灵活设置，参考范围为 F2.8~F5.6，感光度参考为 ISO100~ISO200。

需要注意的是，设置曝光参数时要观察快门速度。如果拍摄相对安静的儿童，快门速度应保持在 1/200s 左右；如果拍摄运动幅度较大的儿童，快门速度应保持在 1/500s 或以上。如果快门速度达不到，则要调整光圈或感光度。

○ 设置光圈

5. 设置对焦模式

儿童动静不定，因此适合将对焦模式设置为人工智能自动对焦（AI FOCUS）。

6. 设置驱动模式

儿童的动作与表现变化莫测，除了要保持较高的快门速度，还需要将驱动模式设置为连拍模式，以便随时抓拍。

○ 使用连拍模式

7. 设置测光模式

推荐使用中央重点平均测光模式，半按快门对儿童脸部进行测光。确认曝光参数合适后，按下曝光锁定按钮锁定曝光。然后只要在光线、画面明暗对比没有非常大的变化下，保持按住曝光锁定按钮，就可以以同一组曝光参数拍摄多张照片。

○ 设置自动对焦模式

8. 设置曝光补偿

在拍摄时，可以在正常的测光数值的基础上，适当增加 0.3~1挡的曝光补偿。这样拍摄出的画面显得更亮、更通透，儿童的皮肤也会更加粉嫩、细腻、白皙。

○ 选择中央重点平均测光模式

○ 用玩具不仅可以吸引孩子的注意力，还可以用来美化画面

85mm F2.8 1/400s ISO100

○ 设置曝光补偿

水景的拍摄技巧

利用前景增强水景的空间纵深感

在拍摄水景时，如果没有参照物，不太容易表现水景的空间纵深感。因此，在取景时，应该注意在画面的近景处安排树木、礁石、桥梁或小舟。这样不仅能够避免画面单调，还能够通过近大远小的透视对比效果表现出水面的开阔与空间的纵深感。

在拍摄时，应该使用镜头的广角端，这样能使前景处的线条被夸张化，以增强画面的透视感、空间感。

20mm F7.1 30s ISO100

〇 在广角镜头下，长长的太阳倒影增强了画面的纵深感

24mm F10 1s ISO200

〇 前景中纵向的岩石不仅丰富了单调的海景，还增强了画面的空间感

5 步拍出丝滑的水流效果

使用低速快门拍摄水流，是水景摄影的常用技巧。不同的低速快门能够使水面具有不同的效果，中等时间长度的快门速度能够使水流呈现丝般效果，如果时间更长一些，就能够使水面产生雾化的效果，为水面赋予特殊的魅力。下面讲解一下详细的拍摄步骤。

1. 使用三脚架和快门线拍摄

丝滑的水面是低速摄影题材，手持相机拍摄，非常容易使画面模糊，因此，三脚架是必备的器材，并且最好使用快门线来避免直接按下快门按钮时产生的震动。

2. 拍摄参数的设置

推荐使用快门优先曝光模式，以便于设置快门速度。快门速度可以根据拍摄的水景和效

提示：如果在拍摄前忘了携带三脚架和快门线，或者是临时起意以低速快门拍摄水流，则可以在拍摄地点周围寻找可供固定相机的物体，如岩石、平整的地面等。将相机放置在这类物体上，然后将驱动模式设置为"2秒自拍"模式，以减少相机的抖动。

果来设置，如果拍摄海面，需要设置为1/20s或更慢；如果拍摄瀑布或溪水，将快门速度设置为1/5s或更慢。将快门速度设置为1.5s或更慢，会将水流拍摄成雾化效果。

将感光度设置为相机支持的最低感光度（ISO100或ISO50），以减少镜头的进光量。

○ 用中灰镜减少进光量，使瀑布呈现出丝绸般的顺滑效果

20mm F16 2s ISO50

○ 选择快门优先模式并设置一个较低的快门速度

3. 使用中灰镜减少进光量

如果已经设置了相机的极限参数组合，画面仍然曝光过度，则需要在镜头前加装中灰镜来减少进光量。

先根据测光得出的快门速度值，计算出和目标快门速度值相差几倍，然后选择相对应的中灰镜安装到镜头上即可。

○ 肯高 ND4 中灰镜 (77mm)

4. 设置对焦和测光模式

将对焦模式设置为单次自动对焦模式，将自动对焦区域模式设置为自动选择模式，将测光模式设置为评价测光模式。

○ 设置自动对焦模式　　○ 设置测光模式

5. 拍摄

半按快门按钮对画面进行测光和对焦，在确认得出的曝光参数能获得正确曝光后，完全按下快门按钮进行拍摄。

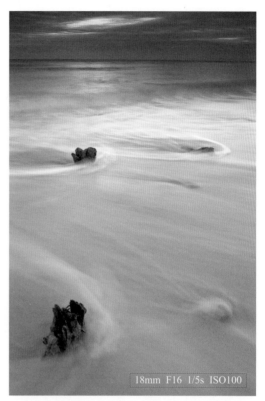

18mm F16 I/5s ISO100

○ 用小光圈结合较低的快门速度，将流动的海水拍摄出了丝线般的效果，摄影师采用高水平线构图，重点突出水流的动感美

18mm F13 1s ISO100

○ 在低速快门的作用下，向下流动的水呈现出线条感，画面相比以高速快门拍摄的画面来说效果更为震撼

山景的拍摄技巧

逆光下 5 步拍出漂亮的山体轮廓线

当在逆光下拍摄景物时，画面会形成很强烈的明暗对比，此时若以天空为曝光依据的话，可以将山处理成剪影的形式。下面讲解一下详细的拍摄步骤。

1. 构图和拍摄时机

既然要表现山体的轮廓线，那么在取景时就要注意选择比较有线条感的山体。通常山景的最佳拍摄时间是日出和日落前后，在构图时可以纳入天空的彩霞来美化画面。

需要注意的是，应避免在画面中纳入太阳，一是因为太阳周围光线太强，高光区域容易曝光过度，二是因为太阳如果占比过大，会抢走主体的风采。

2. 拍摄器材

拍摄山体的轮廓线适合使用广角镜头或长焦镜头。在使用长焦镜头拍摄时，需要使用三脚架或独脚架提高拍摄的稳定性。由于是逆光拍摄，因此最好在镜头上安装遮光罩，以防止出现眩光。

3. 设置拍摄参数

设置拍摄模式为光圈优先模式，将光圈值设置为 F8~F16，将感光度设置为 ISO100~ISO400，以保证画面的高质量。

● 以剪影的形式表现云雾缭绕的山峦，浓淡的渐变加深了画面的空间感

● 选择光圈优先模式并设置一个较小的光圈（光圈数值较大）

80mm F10 4s ISO200

4. 设置对焦与测光模式

将对焦模式设置为单次自动对焦模式,将自动对焦区域模式设置为单点,将测光模式设置为点测光模式。然后将相机的点测光圈(即取景器的中央),对准天空较亮的区域,半按快门进行测光,确定所测得的曝光组合参数合适后,按下曝光锁定按钮锁定曝光。

○ 设置点测光模式

5. 对焦及拍摄

保持按下曝光锁定按钮的状态,使相机的对焦点对准山体与天空的连接处,半按快门进行对焦,对焦成功后,按下快门进行拍摄。

○ 设置单次自动对焦模式

> 提示:在拍摄时使用侧逆光拍摄,不仅可以拍出山体的轮廓线,而且画面的明暗层次会更明显。

利用前景让山景画面活起来

在拍摄各类山川风光时,总是会遇到这样的问题:单纯地拍摄山体总感觉有些单调。这时候,如果能在画面中安排前景,配以其他景物,如动物、树木等,不仅可以使画面显得富有立体感和层次感,而且可以营造出不同的画面气氛,大大增强了山川风光作品的表现力。

如果有野生动物作为陪衬,山峰会显得更加幽静、安逸,更具有活力,同时增强了画面的趣味性等;如果在山峰的上端适当留出空间,在蓝天白云的映衬之下,它给人留下更深刻的印象。

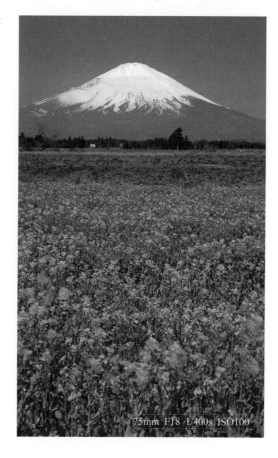

○ 用大片的花海作为前景,衬托远方巍峨的雪山,一方面可以突出山峦的雄伟,另一方面可以使画面层次更丰富

75mm F18 L400s ISO100

3 步拍出洁白的漂亮雪景

雪景是摄影爱好者常拍的风光题材之一，但大部分初学者在拍摄雪景后，发现自己拍的雪不够白，画面灰蒙蒙的。其实只要掌握曝光补偿技巧，即可还原雪景的洁白。

1. 设置曝光参数

雪景适合使用光圈优先模式拍摄。如果想拍摄大场景的雪景照片，可以将光圈值设置在 F8~F16 范围内；如果拍摄浅景深的特写雪景照片，可以将光圈值设置在 F2~F5.6 范围内。在光线充足的情况下，将感光度设置在 ISO100~ISO200 范围内即可。

○ 选择光圈优先模式并设置一个较小的光圈（光圈值较大）

2. 设置测光模式

将测光模式设置为评价测光，针对画面整体测光。

3. 设置曝光补偿

在保证不会曝光过度的同时，可根据白雪在画面中所占的比例，适度增加 0.7EV~2EV 曝光补偿，以如实地还原白雪的明度。

○ 设置测光模式

18mm F10 1/400s ISO100

○ 设置曝光补偿

○ 通过增加曝光补偿的方式，在不过曝的情况下如实地还原白雪的明度，画面使人感觉清新、自然

7 步拍好日出日落景色

在逆光条件下拍摄日出、日落景象，由于场景光比较大，而感光元件的宽容度无法兼顾场景中最亮、最暗部分的还原，因此摄影师大多选择将背景中的天空还原，而将前景处的物体处理成剪影，增强画面美感的同时，还可营造画面气氛。那么，该如何拍出漂亮的剪影效果呢？下面讲解一下详细的拍摄步骤。

1. 寻找最佳拍摄地点

拍摄地点最好是开阔一点的场地，如海边、湖边和山顶等。作为剪影呈现的目标景物，不可以过多，而且轮廓要清晰，避免选择大量重叠的景物。

○ 景物选择不恰当，导致剪影效果不佳

2. 设置小光圈拍摄

将相机的拍摄模式设置为光圈优先模式，将光圈值设置在 F8~F16 范围内。

3. 设置低感光度

日落时的光线很强，因此设置感光度为 ISO100~ISO200 即可。

4. 设置照片风格及白平衡

如果以 JPEG 格式存储照片，那么需要设置照片风格和白平衡。为了获得最佳的色彩氛围，可以将照片风格设置为"风景"模式，将白平衡模式设置为"阴影"模式，或者手动调整色温值为 6000K~8500K。如果以 RAW 格式存储照片，则都设置为自动模式即可。

5. 设置曝光补偿

为了获得更纯的剪影，以及让画面色彩更加浓郁，可以适当设置 – 0.3EV~ – 0.7EV 的曝光补偿。

18mm F10 1/800s ISO100

○ 以水面为前景拍摄，使得绚丽的天空和湖面倒影占据了画面大部分区域，而小小的人物及岸边景物呈现为剪影效果，使得画面有了点睛之笔

6. 使用点测光模式测光

将相机的测光模式设置为点测光，然后将相机上的点测光圈对准夕阳旁边的天空，半按快门测光，得出曝光数据后，按下曝光锁定按钮锁住曝光。

需要注意的是，切不可对准太阳测光，否则画面会过暗，也不可对着剪影的目标景物测光，否则画面会过亮。

7. 重新构图并拍摄

在保持按下曝光锁定按钮的情况下，通过改变焦距或拍摄距离重新构图，并对景物半按快门对焦，对焦成功后按下快门进行拍摄。

○ 测光时太靠近太阳，导致画面整体过暗

○ 对着建筑测光，导致画面中的天空过亮

○ 针对天空中较亮的部位进行测光，使山体呈剪影效果，与明亮的太阳形成呼应，画面简洁、有力

200mm F8 1/1000s ISO100

拍摄昆虫的技巧

　　对于昆虫微距摄影而言，是否清晰是评判照片是否成功的标准之一。由于昆虫微距照片的景深都很浅，因此，在进行昆虫微距摄影时，对焦是影响照片成功与否的关键因素。

　　一个比较好的解决方法是，使用佳能相机的实时显示拍摄模式进行拍摄。在实时显示拍摄模式下，液晶监视器中会显示被摄对象，并且按下放大按钮，将液晶监视器中的图像放大，可以检查拍摄的照片是否准确合焦。

○ 按下放大按钮后，以 5 倍的显示倍率显示当前拍摄对象

○ 再次按下放大按钮后，以 10 倍的显示倍率显示当前拍摄对象

○ 拍摄小景深的微距画面时，使用实时显示拍摄模式进行对焦可方便查看是否合焦

100mm F13 1/250s ISO500

6 步拍定格宠物的精彩瞬间

宠物在玩耍时的动作幅度都比较大，精力旺盛的它们绝对不会停下来任由你摆布，所以只能通过设置相机的相关参数来抓拍这些调皮的小家伙。在拍摄时可以按照下面的步骤来设置。

1.设置拍摄参数

将拍摄模式设置为快门优先模式，将快门速度设置为 1/500s 或以上，感光度可以依情况随时调整，如果拍摄环境光线好，设置为 ISO100~ISO200 即可，如果拍摄环境光线不佳，则需要提高 ISO 感光度。

2.设置自动对焦模式

宠物的动作不定，为了更好地抓拍到其清晰的动作，需要将对焦模式设置为连续自动对焦，以便相机根据宠物的跑动幅度自动跟踪主体进行对焦。

3.设置自动对焦区域模式

拍摄时可以将自动对焦区域模式设置为自动选择模式或自动选择区域模式。

○ 设置自动对焦模式　　○ 设置自动对焦区域模式

35mm F5.6 1/1000s ISO200

○ 高速连拍猫咪打闹的瞬间，使画面看起来精彩、有趣

4. 设置驱动模式

将相机的驱动模式设置为连拍（如果相机支持高速连拍，则选择该选项）。在连拍模式下，可以将它们玩耍时的每一个动作快速连贯地记录下来。

O 佳能相机的两种连拍模式

5. 设置测光模式

一般选择在明暗反差不大的环境下拍摄宠物，因此使用评价测光模式即可。半按快门对画面测光，然后查看取景器中得出的曝光参数组合，确定没有提示曝光不足或曝光过度即可。

O 设置测光模式

6. 对焦及拍摄

一切设置完成后，半按快门对宠物对焦（注意查看取景器中的对焦指示图标"●"，出现该图标表示对焦成功）。对焦成功后完全按下快门按钮，相机将以连拍的方式进行抓拍。

O 红圈中所示的是对焦指示图标

拍摄完成后，需要回放查看所拍摄的照片，以查看画面主体是否对焦清晰、动作是否模糊。如果效果不佳，需要进行调整，然后再次拍摄。

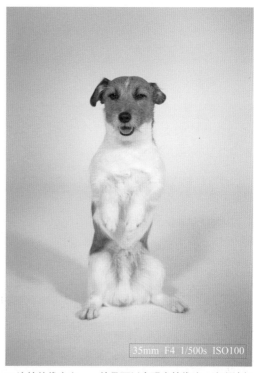

35mm F4 1/500s ISO100

O 连拍的优点之一，就是可以实现多拍优选。这张站起来的狗狗照片就是在连拍的组图中选取出来的

在弱光下 7 步将建筑精美的内饰拍清晰

除了拍摄建筑的全貌和外部细节，有时还可以进入其内部拍摄，如歌剧院、寺庙、教堂等建筑物内部都有许多值得拍摄的壁画或雕塑。

○ 有防抖标志的佳能镜头

1. 拍摄器材

推荐使用广角镜头或广角端，镜头带有防抖功能为佳。

2. 拍摄参数的设置

推荐使用光圈优先曝光模式，并设置光圈为 F5.6~F10，以得到大景深效果。

建筑物内部的光线通常较暗，感光度一般是根据快门速度来灵活设置的。如果快门速度低于安全快门，则应提高感光度以相应地提高快门速度，防止成像模糊，一般将其设置为 ISO400~ISO1600。

○ 设置光圈和感光度

○ 由于室内光线较暗，为了提高快门速度，设置较高的感光度和使用高 ISO 降噪后才能得到精细的画面效果

3. 开启防抖功能

在手持相机拍摄时，相机容易抖动，而且快门速度一般不会非常高，容易造成画面模糊，因此需要开启镜头上的防抖功能来降低画面模糊的概率。

4. 开启高 ISO 感光度降噪功能

使用高感光度拍摄时，非常容易在画面中形成噪点，高感效果不好的相机产生的噪点更加明显，因此需要开启相机的"高 ISO 感光度降噪功能"。

○ 开启相机的"高 ISO 感光度降噪功能"

5. 设置测光模式

将测光模式设置为评价测光，针对画面整体测光。

6. 其他设置

除了前面的设置，还有一个比较重要的设置是存储格式，将文件存储为 RAW 格式，可以很方便地在后期进行优化处理。

如果想获得 HDR 效果的照片，可以开启相机的 HDR 模式（仅限于 JPEG 格式）或使用包围曝光功能拍摄不同曝光的素材照片，然后在后期进行合成。

7. 拍摄小技巧

室内建筑一般都有桌椅或门柱，在不影响其他人通过或破坏它的情况下，可以通过将相机放置在桌椅上或倚靠门柱的方式来提高手持拍摄的稳定性。

如果仰视拍摄建筑顶面的装饰，可以开启相机的实时显示拍摄模式来提高拍摄的舒适性。如果所使用的相机有旋转液晶显示屏，还可以调整屏幕来获得更舒适的观看角度。

○ 用广角镜头拍摄，将教堂精致的细节展现了出来

18mm F5.6 1/60s ISO800

拍摄夜景的技巧

9 步拍好城市蓝调夜景

观看夜景摄影佳片就可以发现，大部分城市夜景照片中的天空都是蓝色调的。而摄影初学者却很郁闷："为什么我就拍不出来那种感觉呢？"其实是拍摄时机没选择正确，一般为了捕捉到这样的夜景气氛，都不会等到天空完全黑下来才去拍摄，因为照相机对夜色的辨识能力比不上我们的眼睛。

1. 最佳拍摄时机

要想获得纯净蓝色调的夜景照片，首先要选择天空能见度好、透明度高的晴天夜晚（雨过天晴的夜晚更佳），在天将黑未黑、城市路灯开始点亮的时候，便是拍摄夜景的最佳时机。

○ 较晚时候拍摄的夜景，天空已经变成了黑褐色，画面美感不强

2. 拍摄装备

建议使用广角镜头拍摄，以表现城市的繁华。另外，还需要使用三脚架固定好相机，并使用快门线拍摄，尽量不要用手直接按下快门按钮。

○ 三脚架与快门线

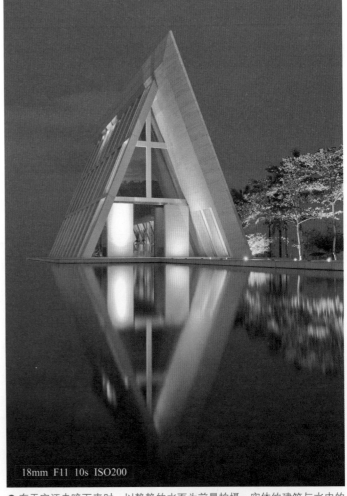

18mm F11 10s ISO200

○ 在天空还未暗下来时，以静静的水面为前景拍摄，实体的建筑与水中的倒影形成了对称构图，黄色的灯光在深蓝色调的衬托下，显得更迷人

3. 拍摄参数设置

将拍摄模式设置为 M 挡手动模式，设置光圈为 F8~F16，以获得大景深画面，将感光度设置为 ISO100~ISO200，以使画面中的噪点更少。

4. 设置白平衡模式

为了增强画面的冷暖对比效果，可以将白平衡模式设置为钨丝灯。

○ 佳能相机白平衡模式设置界面

5. 拍摄方式

夜景光线较弱，为了更好地查看相机参数、构图及对焦，推荐使用实时显示模式取景和拍摄。

6. 设置对焦模式

将对焦模式设置为单次自动对焦模式；将自动对焦区域模式设置为实时 1 点自动对焦模式。

如果使用自动对焦模式的对焦成功率不高，则可以切换至手动对焦模式，然后按下放大按钮将画面放大，旋转对焦环进行精确对焦。

○ 在实时显示拍摄模式下，按下相机的放大按钮，可以将画面放大显示，这一功能可以辅助手动对焦

7. 设置测光模式

将测光模式设置为评价测光，半按快门按钮对画面整体测光。注意观察液晶显示屏中的曝光指示条，调整曝光值，使曝光游标处于标准或所需曝光的位置。

35mm F14 8s ISO100

○ 设置评价测光并适当地进行曝光补偿，画面中的天空与地面都有细节

8. 曝光补偿

在评价测光模式下，由于相机是对画面整体测光的，因此会出现偏亮的情况，需要减少0.3EV~0.7EV 的曝光补偿。在 M 挡模式下，使游标向负值方向偏移到所需数值的位置即可。

9. 拍摄

一切参数设置妥当后，使对焦点对准画面较亮的区域，半按快门线上的快门按钮进行对焦，然后按下快门按钮拍摄。

○ 观看液晶显示屏上的曝光指示游标

9 步拍出体现繁华城市的车流光轨

在夜晚的城市，灯光是主要光源，各式各样的灯光可以顷刻间将城市变得绚烂多彩。疾驰而过的汽车留下的尾灯痕迹，彰显了都市的节奏和活力，是很多人非常喜欢的一种夜景拍摄题材。

1. 最佳拍摄时机

与拍摄蓝调夜景一样，车流也适合在日落后且天空还没完全黑下来的时候开始拍摄。

2. 拍摄地点的选择和构图

对于拍摄地点，除了在地面上，还可寻找如天桥、高楼等地方以高角度进行拍摄。

拍摄车流的道路有弯道最佳，如 S 形、C 形，

这样拍摄出来的车流线条非常有动感。如果是直线形的道路，摄影师可以选择从斜侧方拍摄，使画面形成斜线构图，或者选择道路的正中心，在道路的尽头安排建筑物入镜，使画面形成牵引式构图。

○ 选择在天完全黑下来的时候拍摄，可以看出，虽然车轨线条很明显，但其他区域没有细节，画面整体美感不强

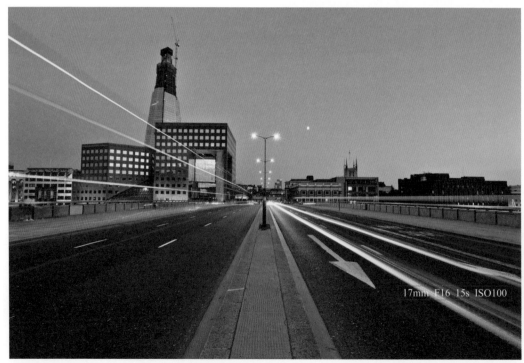

17mm F16 15s ISO100

○ 摄影师采用放射线构图拍摄车轨，画面非常有延伸感

○ 曲线构图实例，可以看出画面很有动感

18mm F10 10s ISO200

○ 斜线构图实例，可以看出车轨线条很突出

20mm F14 20s ISO100

3. 拍摄器材

车流光轨是一种需要长时间曝光的夜景题材，曝光时间可以达几秒甚至几十秒，因此稳定的三脚架是必备附件之一。为了防止按动快门时抖动，还需要使用快门线来触发快门。

4. 拍摄参数的设置

选择 M 挡手动模式，并且根据需要将快门速度设置为 30s 以内的数值（多试拍几张）；将光圈设置为 F8~F16 的小光圈，以使车灯形成的线条更细，不容易出现曝光过度的情况；通常将感光度设置为最低感光度 ISO100（少数中高端相机也支持 ISO50 的设置），以保证成像质量。

下方 4 张图是在保持其他参数不变的情况下，只改变快门速度的效果示例，可以作为曝光参考。

○ 将背包悬挂在三脚架上，可以提高三脚架的稳定性

○ 快门速度：1/20s

○ 快门速度：1/5s

○ 快门速度：4s

○ 快门速度：6s

24mm F9 20s ISO100

○ 摄影师以俯视角度拍摄立交桥上的车流，消失在各处的车轨线条展现出了城市的繁华

5. 拍摄方式

夜景光线较弱，为了更好地查看相机参数、构图及对焦，推荐使用实时显示模式取景和拍摄。

6. 设置对焦模式

将对焦模式设置为单次自动对焦模式；将自动对焦区域模式设置为实时 1 点自动对焦模式。

如果使用自动对焦模式的对焦成功率不高，则可以切换至手动对焦模式。

7. 设置测光模式

将测光模式设置为评价测光，半按快门对画面整体测光。此时，注意观察液晶显示屏中的曝光指示条，微调光圈、快门速度和感光度，使曝光游标到达标准或所需曝光的位置。

8. 曝光补偿

在评价测光模式下，会出现偏亮的情况，需要减少 0.3EV~0.7EV 的曝光补偿。在 M 挡手动模式下，调整参数使游标向负值方向偏移到所需数值即可。

9. 拍摄

当将一切参数设置妥当后，使对焦点对准画面较亮的区域，半按快门线上的快门按钮进行对焦，然后按下快门按钮拍摄。

8 步拍出大气梦幻的星轨

1. 选择合适的拍摄地点

要拍摄出漂亮的星轨，首要条件是选择合适的拍摄地点，最好在晴朗的夜晚前往郊外或乡村拍摄。

2. 选择合适的拍摄方位

接下来需要选择拍摄方位，如果将镜头对准北极星，可以拍摄出所有星星都围绕着北极星旋转的环形星轨。对准其他方位拍摄的星轨则都呈弧形。

3. 选择合适的器材、附件

拍摄星轨的场景通常在郊外，气温较低，相机的电量下降得相当快，应该保证相机电池有充足的电量，最好再备一块或两块满格电量的电池。

长时间曝光时，相机的稳定性是第一位的，稳固的三脚架及快门线是必备的。

原则上使用什么镜头是没有特别规定的，但考虑到前景与视野，多数摄影师会选用视角广阔、大光圈、锐度高的广角与超广角镜头。

4. 选择合适的拍摄手法

拍摄星轨通常可以用两种方法。一种是通过长时间曝光的前期拍摄，即拍摄时使用 B 门模式，通常要曝光半小时甚至几个小时。

第二种方法是使用间隔拍摄的手法（如果相机无此功能，可以使用具有定时功能的快门线），使相机在长达几小时的时间内，每隔 1 秒或几秒拍摄一张照片，建议拍摄 120~180 张，总时间为 60~90 分钟。完成拍摄后，利用 Photoshop 中的堆栈技术，将这些照片合成为一张星轨照片。

目前，人们大多采用第二种方法进行拍摄，成功率高而且效果可控。

○ 佳能相机的间隔定时器菜单

○ 笔者在国家大剧院前面拍摄的一系列素材

○ 表现星星轨迹的画面，要将地面景物也纳入，以丰富画面

○ 通过后期处理后得到的成片

5. 选择合适的对焦

如果远方有灯光，可以先对灯光附近的景物进行对焦，然后切换至手动对焦方式进行构图拍摄；也可以直接旋转变焦环将焦点对在无穷远处，即旋转变焦环直至到达标有 ∞ 符号的位置。

6. 构图

在构图时为了避免画面过于单调，可将地面的景物与星星同时摄入画面，使作品更加生动、活泼。如果地面上没有光照，则可以通过使用闪光灯进行人工补光。

7. 确定曝光参数

不管使用哪一种方法拍摄星轨，设置参数时都可以遵循下面的原则。

尽量使用大光圈：这样可以吸收更多的光线，让更暗的星星也能呈现出来，以保证得到较清晰的星光轨迹。

感光度适当高点：可以根据相机的高感表现，设置感光度为 ISO400~ISO3200，这样便能吸收更多的光线，让肉眼看不到的星星也能被拍下来，但感光度最好不要超过相机最高感光度的一半，不然会有很多噪点。

如果使用间隔拍摄的方法拍摄星轨，对于快门速度，笔者建议设置为 8s 以内。

8. 拍摄

当确定好构图、曝光参数和对焦后，如果使用第一种方法拍摄，释放快门线上的快门按钮并将其锁定，相机将开始曝光。曝光时间越长，画面上星星划出的轨迹就越长、越明显。当曝光达到所需的时间后，再解锁快门按钮结束拍摄即可。

如果使用第二种方法拍摄，当设置完间隔拍摄选项后，佳能相机会在拍摄第一张照片后，按照所设定的参数进行连续拍摄，直至拍完所设定的张数才会停止。

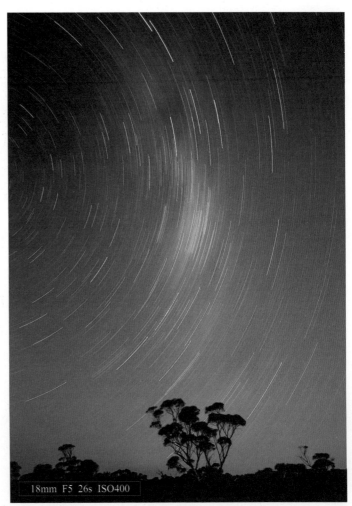

18mm F5 26s ISO400

○ 通过后期堆栈合成线条感明显的星轨

第10章

口播、美食、VLOG、绿幕
等视频实战拍摄方法

了解固定机位视频拍摄

顾名思义，固定机位视频拍摄是指在拍摄视频时，无论是使用一台还是多台相机，这些相机的位置均保持固定不动。

这种拍摄方式对拍摄技术要求不高，如果是在室内，只要设置好相机、灯光，便可以一直使用一组参数长期拍摄不同的内容。因此，如果创作者初期不太懂相机参数设置及灯光布置，可以由有经验的摄影师设置好以后直接使用，并边拍摄边学习。

虽然从操作方式上看以固定机位拍摄视频不太灵活，但实际上，许多网上爆火的视频都是使用这种方式拍摄的。

使用固定机位拍摄口播视频技术要点

口播类视频的重点是内容，而不是形式。对拍摄场地要求低，对拍摄技术及设备要求也不高，因此许多视频创作者都是从拍摄口播类视频进入视频创作领域的。

无论是使用三脚架还是其他类型的稳定设置，只需确保相机稳定、灯光明亮，即可开始录制视频。

对于初学者，刚开始录制视频时，可以参考使用快门速度 1/60 秒、ISO 100、F4 这组拍摄参数。

根据当前场景的明亮程度有可能需要提高ISO，在光线稍暗的场景下，有时可能会达到ISO1500 左右。虽然，此时视频画面会有一些噪点，但由于视频画面是动态的，因此，整体观感尚可。

根据背景需要的虚化程度，可在 F1.8 至 F8之间改变光圈，此时要注意调整 ISO，以平衡整体曝光。

由于口播类视频通常在室内录制，在光线恒定的情况下，选择自动白平衡即可。

在对焦设置方面，如果口播者前后晃动幅度不大，在光圈处于 F8 左右时，可以手动对焦。如果光圈较大，且口播者有前后明显晃动或走动，要在视频拍摄状态下开启自动对焦，并选择"😊＋追踪"模式，以确保相机能够实时跟踪主播的面部。

使用固定机位拍摄美食

用固定机位拍摄美食的流程

许多新手在拍摄美食视频时，不知道如何构思整个拍摄流程及镜头。其实，拍摄美食完全可以依据制作美食的三个阶段来规划拍摄流程。

介绍

即介绍要制作的美食的特点及大致制作流程、注意要点。拍摄时将相机架设在厨师的对面，使用广角或远距离拍摄，表现整个场景及厨师的面貌特征。

切配

饮食行业称切配为食材细加工。"切"，就是用各种刀法，把原料加工成烹调需要的各种形态；"配"，就是把加工好的原料，按菜肴需要，搭配在一起。

在表现这个过程时，可以使用长焦镜头或将相机架设在距离菜品切配区较近的位置，以表现操作的细节。

拍摄时要注意更换细微的景别及角度，避免视角过于固定、单调，以丰富视频画面。

除了将相机架设在厨师的对面，还可以将相机架设在厨师身后，以过肩的镜头向下俯视拍摄切配操作，从而模拟第一视角，增强观众在观看视频时的沉浸感与代入感。

在以此角度拍摄视频时，也可以考虑使用本书前面介绍过的运动相机，最后将其与使用相机拍摄的视频剪辑在一起。

烹饪

在这个过程中，厨师要展示翻炒、调味的操作方法，通常使用两种机位进行表现。

第一种仍然是将相机架设在厨师对面或侧面，以长焦特写表现厨师在灶台上的操作。

第二种是将相机架设在灶台外侧，以俯视角度拍摄。但以这种角度拍摄时镜头容易起雾，因此更适合油烟少的西餐。

装盘

起锅装盘这个过程虽然简单，但其实很有仪式感，许多食物在锅里的形态完全谈不上美观，但如果盛在光洁的餐盘里，并以整洁的桌布为背景，整个画面的美感会成倍增加。

用固定机位拍摄美食的灯光要点

当使用相机拍摄美食时，灯光是一个很重要的要素，一定要通过补光或提高原有灯光照度的方式，使制作美食的场景看上去明亮、干净，同时更好地还原食材原本的色泽。

如果在拍摄时使用了较大功率的补光灯，建议关闭室内原有的灯光，以避免相机的白平衡还原失误。

如果是家居类美食创作者，可以视拍摄场景的面积使用一盏功率为 300W 左右的补光灯。如果在美食直播间，至少需要 3 盏补光灯，两盏在主播四点钟、九点钟方向，一盏在顶部。

用固定机位拍摄美食的参数设置

在光线充足的情况下，用相机拍摄美食建议使用以下参数。

如果在一个较小的场景内拍摄，视频画面也较为简单，即便设置较大的光圈，视频画面的景深也能够满足展现所有细节，因此可以将光圈设置为 F4 左右，也可以将光圈设小一些，以获得较大的景深。

如果场景较开阔，要获得类似《舌尖上的中国》的浅景深效果，则需要将光圈设置得稍大一些。

将感光度要设置为视频画面曝光正常情况下的最低值。

根据帧率设置快门速度，设置方法与思路在第 8 章有详细讲解。

选择自动白平衡，如果预览视频画面感觉色彩还原不太准确，可以手动设置色温或手动自定义白平衡。

让视频画面更丰富的小技巧

在录制美食视频时，可以拍摄几个水花溅起、葱花散开、油开冒泡、面粉洒落的慢动作片段，从而使视频画面更丰富。

拍摄慢动作视频的操作方法，在本书前文有详细讲解，可参考学习。

注意：在拍摄慢动作视频时无法录制声音，因此在后期剪辑时要配音。

用固定机位拍摄美食时的录音要点

在拍摄美食类视频时，录音是一项非常重要的工作。因为在制作美食时，必然会有切菜、油煎等过程，在这个过程中逼真的声音有助于提高视频的现场感。

拍摄美食类视频通常采用同期录音及后期配音两种方式。

同期录音是指用本书前文所提到的各类录音设备，录制制作美食时的声音。比较常用的是枪式指向性麦克风，这种麦克风有一定的录音距离，可以避免出现在视频画面，但录制时还要尽量靠近发声源。如果还需要同期录制人的声音，可以使用无线领夹麦克风。

如果录制的是讲解细致的教学式美食视频，或者环境较为嘈杂，可以使用后期配音的方式，先录制视频，在后期制作时添加人声及做菜时的音效。

如果长期拍摄美食视频，建议录制或购买一套专门针对美食领域的音效库。

用固定机位拍摄美食时特写镜头运用要点

"高端的食材往往只需要最朴素的烹饪方式"这句知名的文案，由于《舌尖上的中国》的成功而在美食视频制作领域广泛流传。

《舌尖上的中国》之所以成功有多方面的因素，但从摄影及视频制作角度来看，其成功离不开创新的镜头表现手法，其中最典型的就是《舌尖上的中国》里使用了大量高清、特写、浅景深镜头。

这样的镜头，放大了食物的质感，凸显了食物本身的色泽、质感，刻画出了美食的细节，给人一种强烈的代入感、沉浸感。

这些特写镜头早期基本上都是由佳能 5D Mark Ⅱ 配合大光圈长焦镜头拍摄的。

《舌尖上的中国》给美食视频创作者的启示：要善于、敢于使用近景、特写、浅景深镜头，最好在视频中形成个性化的镜头语言风格，这样才能够从众多美食视频中脱颖而出。

另外，《舌尖上的中国》的文案及背景音乐，也是值得学习与借鉴的。

用固定机位拍摄多镜头 VLOG

拍摄 VLOG 的第一步——定主题

与美食类视频不同，VLOG 是一种视频表现形式，并不是主题，因此在拍摄之前一定要确定整条视频的主题。例如，可以是一个网红公园的打卡过程、一个手办的制作过程、一次旅游的过程、一道美食从采购原材料到出锅的过程，甚至可以是一次逛商场的过程。

VLOG 对观众的意义大多属于了解另一种生活方式。例如，城市白领可以通过观看"张同学"的视频了解东北农村的原生态生活，可以通过观看"李子柒"的视频了解如何制作美食，可以通过观看"手工耿"的视频了解如何制作一件"没有用"的"科技发明"。总结起来就是，视频创作者要去做别人一直都想做的事，去过别人一直想过的生活，然后将其记录下来。

VLOG 除了主题要鲜明，内容还要有新意，在此基础上再辅以悦耳的背景音乐、流畅的视频节奏或酷炫的运镜，才能够让观众有看完的动力。

所以，从制作一条 VLOG 的角度来看，可以大体分为主题及脚本策划、拍摄、后期剪辑，在这个过程中拍摄可能是最简单但却最烦琐的步骤。

拍摄 VLOG 的第二步——写脚本

确定拍摄主题后，就要进入脚本写作环节。这个环节对于简单的 VLOG 并不是必需的，但对于新手或要拍摄的是一个时间跨度、地域跨度较大，或者有多人参与的视频，则一定要撰写详细的脚本。只有这样在后期剪辑合成视频时，才不会陷入"巧妇难为无米之炊"的窘境。

关于脚本创作的方法在本书第 7 章有详细讲解，可以参考学习。

拍摄 VLOG 的第三步——找音乐

一条好看的 VLOG 通常都有悦耳并合拍的背景音乐，此时背景音乐的作用不仅仅是提升观赏性，更重要的作用是统合整条视频的节奏。

要明白这一点，只需看几年抖音上火爆的卡点短视频即可。

当到达音乐卡点位置时，观众的潜在心理是希望画面跟随音乐一齐变化的，否则就有一种不协调的感觉。

因此，在确定主题、写好脚本之后，一定要花一些时间找到几首跟视频主题调性相匹配的背景音乐，具体选择几首取决于视频的长度。

拍摄 VLOG 的第四步——拍素材

进入到拍视频素材的阶段后，只需按脚本安排场景、架设相机进行拍摄即可。

在本书的第 7 章曾经分析过火爆的"张同学"的一条视频，从分镜脚本中可以看出来，在安排好景别、机位的情况下，只要确保视频的曝光正常、对焦准确，就能顺利完成拍摄。

在这个拍摄过程中，运用的还是前面介绍过的曝光、对焦、构图、用光等知识。

在拍摄过程中，要注意拍摄一些空镜头，可以作为视频的"留白"，也可以作为视频的开场或结束画面。

如果需要，还可以运用前面讲过的延时视频及慢动作视频的拍摄手法，拍摄一些视频素材，从而丰富视频的画面效果。

拍摄视频素材时一定要秉承宁多勿少的原则，多拍一些素材。

对于重要的场景，一定要试录，并回放视频以检查曝光、收音、焦点、构图等要素。

拍摄 VLOG 的第五步——剪辑

这一部分不是本书的重点，但对每一个创作者来说却格外重要。除非以团队的形式拍摄视频，否则创作者通常不能指望将自己拍摄的一堆素材外包给他人剪辑出符合自己期望的视频。

视频创作新手可以从学习剪映开始，对于剪辑一条要求不太高的视频来说，此软件足以胜任。

使用运动机位拍摄视频的技术与难点

什么是运动机位视频

运动机位视频是指在拍摄视频时，利用稳定器、摇臂或电动滑轨等设备移动相机的视频拍摄方法。换言之，在拍摄视频的过程中，相机始终处于移动过程中。

此时，可以使用本书前面讲过的推、拉、摇、移、甩等多种运镜手法，使视频画面的变化更丰富。

120°广角扫景
左下右上 120°广角扫景拍摄

常用运动机位拍摄的视频

使用运动机位拍摄视频通常包括以下几种题材。

▪ 在拍摄探店、房屋介绍、小区介绍等类型的视频时，通常使用稳定器手持相机，采用推或拉的运镜手法，体现空间感。

▪ 在拍摄旅游风光类视频时，通常会使用摇、移、甩等多种运镜手法让视频转场更酷炫。

▪ 在拍摄延时视频时，通常使用电动滑轨缓慢移动相机，从而拍出视角缓慢变化的视频。

▪ 在拍摄人物纪实、采访类视频时，如果被拍摄的人物处于运动中，要使用稳定器或手持相机，跟随人物同步运动。

运动机位视频拍摄的两个难点

稳定性难点

如果拍摄视频时相机发生运动，创作者首先要确保相机的运动是平滑、稳定的。虽然有些相机内置稳定系统，但从使用效果来看，还是建议使用手持稳定器。

即便使用了手持稳定器，在拍摄视频时也要保持重心稳定，小步慢走，否则视频仍然有晃动的感觉。

为了避免画面出现轻微的抖动，有些创作者先以 4K 分辨率拍摄视频，后期通过裁剪、平移等方法来模拟镜头移动的感觉。但从效果来看，画面动感不如使用稳定器拍摄出来的更真实。

追焦难点

当以运动机位拍摄视频时，由于相机与被拍摄对象同时处于运动状态，因此对焦的难度会加大。

如果相机的对焦系统不够灵敏、强大，有可能导致被拍摄对象失焦。

如果在拍摄过程中相机与被拍摄对象之间有其他对象经过，也有可能导致被拍摄对象失焦。

如果拍摄场景的光线比较弱，或者主体与背景之间的对比不明显，也有可能导致相机失焦。

拍摄时要注意开启相机在视频拍摄模式下的跟踪对焦功能，并且在拍摄时尽量确保相机与被拍摄对象之间的距离恒定，或者使波动幅度较小，以提高相机跟踪对焦的成功率。

除了使用相机的自动跟踪对焦功能，如果对相机操作较为熟练，还可以使用手动对焦的方式来进行跟踪对焦，此时可以采取的方式有两种。

■ 手动旋转相机对焦环来跟踪对焦，适用于拍摄成本不高，被拍摄对象及相机缓慢运动的场景。拍摄时，右手持稳相机，注视相机的液晶显示屏，观察被拍摄对象的焦点变化，左手缓慢旋转相机的对焦环。

■ 给相机添加跟焦环套装，拍摄时要一边观察相机液晶显示屏或监视器，一边旋转跟焦环。这样的附件由于成本高、技术要求高，通常只用在剧组或视频拍摄团队中。

拍摄时避免丢失焦点的技巧

在拍摄运动的对象时，有时可能无法避免被拍摄对象与相机中间出现遮挡物，此时一定要通过"短片伺服自动对焦追踪灵敏度"菜单，确保焦点不会丢失。

如何拍摄空镜头视频

空镜头的 6 大作用

空镜头是视频的重要组成部分，在短视频中应用较少，但在中、长视频中被广泛应用，概括起来空镜头有以下 6 大作用。

- 交代时间、地点、环境，如冬季、商场、午后，或者空旷的海边、日出时刻等。
- 过渡转场：利用与主题有关的空镜头可以从一个场景自如地切换到另一个场景，从而串接起两个或多个镜头。
- 给解说词留出时间：对于有旁白的视频，解说词的重要性可能重于视频。当需要长时间解说时，可以用空镜头来留出解说时间。

- 营造气氛，给出隐喻：视频主角难以言表的心情、动作、情绪等，可以借用空镜头来表达。例如，当表现主角悲伤的心情时，可以接入拍摄的萧瑟凋零树木；又如，当表现主角愤怒的情绪时，可以接入一段咆哮的海浪视频。
- 省略时间：一个空镜头在视频只有几秒的时间，但却可以代替生活中更长的时间，如几年、十几年等。例如，前一个镜头是孩子的面孔，组接一个冬去春天的延时视频空镜头，下一个镜头可以是一张成熟的面孔。

- 调节节奏：在内容量较大的视频中加入空镜头，可以缓解观众的视觉疲劳和听觉疲劳。

常见空镜头拍摄内容及拍摄方法

常见空镜头拍摄内容

实际上，空镜头并不存在固定的拍摄内容，所有可拍的对象，从本质上说均可以被拍摄为空镜头。但对新手创作者来说，可能对空镜头的拍摄内容还是有些迷惑，因此笔者在此总结了当前在网络上比较流行的几种空镜头拍摄内容。

- 拍摄蓝天下的绿叶：拍摄时可以手持相机缓慢移动，可以采用固定机位，也可以旋转相机，还可以推或拉镜头，这样的空镜头几乎是"万金油"，可以应用在不同类型的视频中。同理，也可以拍摄蓝天下的花朵。
- 拍摄穿过树叶缝隙的阳光：这一题材适合逆光拍摄，使阳光在视频画面中产生光晕。同样的道理，也可以拍摄穿过手指缝隙、云层缝隙的阳光。

▪拍摄随风飘动的树叶、花朵：拍摄时可以考虑使用大光圈，以突出唯美的氛围。

▪拍摄车水马龙的街头：拍摄时可以使用延时视频的拍摄手法，以突出城市的快节奏；也可以使用拍摄慢动作的方法，使画面中的某一个行人、某辆车缓慢移动，以突出悠闲的情调。

▪拍摄建筑：无论是古代建筑还是现代建筑，均可以通过合适的机位配合运镜手法拍成可用度很高的空镜头。拍摄时，为了增加景深效果，可在前景找到植物或栏杆形成遮挡及虚化。

其他如咖啡溶解、信鸽飞翔、学生放学、老人蹒跚走路、风吹落叶、屋檐滴水等也都可以拍成空镜头，并根据视频的调性分别应用。

常见空镜头的拍摄方法

拍摄空镜头与拍摄主观性镜头、客观性镜头在技术上并没有区别，但在最终效果方面最好都是动感的。

▪当拍摄静止的对象时，最好采用移动机位或在固定机位使用可以拍出动感的推、拉、摇、移等运镜手法，从而让画面不显得单调。

▪当拍摄运动的对象时，可以采用固定机位进行拍摄，或者进行小范围的移动。

如果拍摄时机位无法移动，并且被拍摄对象也是静止的，可以尝试利用光影的移动来增强画面的动态效果。

一个人如何拍视频

对许多创作者来说，拍摄视频是爱好或一份副业，因此拍摄视频往往需要由个人完成。在这种情况下，视频创作者的工作状态基本上如下。

- 自己先架设好相机，确定好焦点和构图，按下录制按钮，再跑到相机前面开始"表演"。
- 录制完一个镜头后，走到相机旁边按下停止录制按钮。
- 将相机架设到另一个场景，重复前面两个步骤。

这个操作过程显然非常麻烦，那么有没有更好地应对"单兵作战"拍摄场景的方法呢？

答案就是使用相机的Wi-Fi功能，通过Canon Camera Connect这个手机App连接相机，以通过手机控制相机。

利用这种方法，视频创作者架设好相机后，只需在手机上按开始录制按钮，即可遥控相机开始录制视频。

在录制过程中，可以随时通过手机监看视频画面，检查有没有脱焦、曝光是否正确。

如果对录制过程不满意，可以随时中止，再次调整状态。

还可以在手机上调整录制参数，之后再次开始录制，这样就可以大大提高视频录制效率。

如何拍摄绿幕抠像视频

绿幕视频的作用

如果要将人物与另一个场景进行合成，则需要提前拍摄绿幕背景视频。例如，在拍摄带货视频时，可以先拍摄主播讲解画面，再与工厂视频进行合成，或者将主播讲解画面与一个由 3D 软件渲染生成的场景进行合成，或者与计算机界面进行合成。

这也是许多电影常用的合成方式。

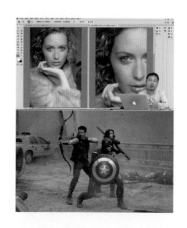

拍摄绿幕视频的方法

前期准备

要拍摄绿幕视频，需要在场地、灯光和幕布 3 个方面分别进行准备。

- 场地：主播距离背景幕布最好有1.5米的距离，以防止绿色幕布的颜色反射到主播身上。

- 灯光：要分别对主播及幕布打光，当给绿幕背景布光的时候，光线越平越好，这样能够确保幕布颜色均匀，没有高光点或者阴影块，以方便后期抠图，常见的方式是在幕布两侧 45° 的位置各放一盏灯。

- 幕布：根据场地及拍摄时所使用的镜头焦段，以不穿帮、露背景为最低尺寸要求，幕布要尽量平整，以避免形成明暗不均的区域。

后期合成

完成拍摄后，即可使用剪映及 Premiere、Final Cut 等能够完成抠图并合成视频的剪辑软件进行处理。

以 Premiere 为例，只需使用"视频效果"功能里的"超级键"即可较完美地完成抠像合成任务。

获得本书赠课的方法

1. 打开微信，点击"订阅号消息"。

2. 在上方的搜索框中输入"好机友摄影"。

3. 点击"好机友摄影"公众号。

4. 点击右上角的绿色"关注"按钮。

5. 点击左下角的输入图标。

6. 切换至文字输入状态。

7. 在输入框中输入本书第 186 页最后一个字，然后点右下角"发送"，注意只输入一个字。

8. 打开公众号自动回复的图文链接，按图文链接操作，即可激活课程。

9. 激活课程后，再次观看时可以进入"好机友摄影"公众号，点击右下角的"我的课程"菜单。

10. 如果要在计算机端观看课程，需要访问网址 https://www.funsj.com/，然后用激活课程的微信号登录。

11. 如果使用的是智能电视，还可以通过手机将课程投屏到电视上观看。